今すぐ使えるかんたん

# Premiere Pro
# やさしい入門

Imasugu Tsukaeru Kantan Series
Premiere Pro Yasashii-Nyumon

Windows & Mac 対応

技術評論社

## 本書をお読みになる前に

● 本書に記載された内容は、情報の提供のみを目的としています。したがって、本書を用いた運用は、必ずお客様自身の責任と判断によって行ってください。ソフトウェアの操作や掲載されているプログラム等の実行結果など、これらの運用の結果について、技術評論社および著者、サービス提供者はいかなる責任も負いません。

● 本書記載の情報は、2023年5月現在のものを掲載しています。ご利用時には変更されている場合もあります。ソフトウェア等はバージョンアップされる場合があり、本書での説明とは機能内容や画面図などが異なってしまうこともあり得ます。本書ご購入の前に、必ずバージョン番号をご確認ください。

● 本書の内容は、以下の環境で動作を検証しています。
Adobe Premiere Pro 2023（バージョン23.4.0）
Windows 11 Home（バージョン22H2）
macOS Ventura（バージョン13.3.1）

※本書の画面は、Windows版のPremiere Pro 2023を使用しています。

● 本文中では、「Adobe Premiere Pro」を「Premiere Pro」と表記しています。

● ショートカットキーの表記は、Windows版Premiere Proのものを記載しています。macOS版Premiere Proで異なるキーを使用する場合は、（）内に補足で記載しています。

以上の注意事項をご承諾いただいた上で、本書をご利用願います。これらの注意事項をお読みいただかずにお問い合わせいただいても、技術評論社および著者、サービス提供者は対処しかねます。あらかじめ、ご承知おきください。

# はじめに

本書は、初めて「Premiere Pro」に触れて動画編集を始めるユーザー向けに、Premiere Proの基本操作をわかりやすく解説したガイドブックです。

動画編集で大切なことは、カッコイイ動画を作ることではありません。視聴してくれる人たちに何を伝えたいのか、それをきちんと表現することが大切なのです。そのためには、こうした動画を作りたいというイメージを持つことが必要です。そして、そのイメージを実現するために利用するのが、Premiere Proのような動画編集ツールです。

Premiere Proという動画編集のための「道具」を利用して、自分のイメージを形にするには、その使い方をマスターする必要があります。といっても、高度なテクニックを覚える必要は全くありません。まず、基本操作を覚えてください。基本操作を覚えるだけで、ほぼ思いどおりの動画を作れるようになります。

そして、ちょっとしたテクニックも覚えておくと、それがスパイスのような隠し味となって、オリジナリティのある動画作品を作れるようになります。

本書では、まずPremiere Proの基本操作をしっかりとマスターできるように、わかりやすく解説しました。サンプルの動画ファイルなどを利用すれば、短時間でマスターできます。そして、隠し味的なテクニックについても、確実に身に付くように解説しました。

本書を参考に、オリジナリティのある動画作品を作ってもらえれば、筆者としては幸いです。本書を利用して、ぜひ動画編集の扉を開いてください。

2023年5月　阿部信行

# サンプルファイルのダウンロード

本書で使用しているサンプルファイルは、以下のURLのサポートページからダウンロードすることができます。ファイルは圧縮されているので、展開してから使用してください。

https://gihyo.jp/book/2023/978-4-297-13547-8/support

## サンプルファイルの特徴

Projectのフォルダー内には、プロジェクトファイルがあります。プロジェクトファイルをダブルクリックすると、Premiere Proが起動してファイルを開くことができます。

ファイルは種類ごとに分かれて保存されています。

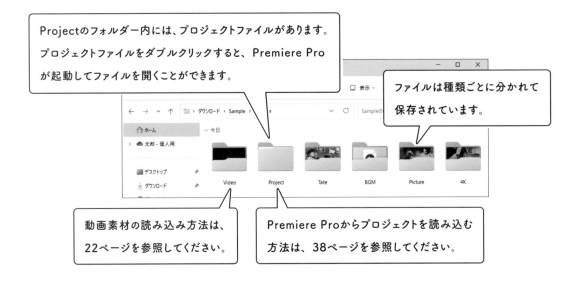

動画素材の読み込み方法は、22ページを参照してください。

Premiere Proからプロジェクトを読み込む方法は、38ページを参照してください。

## リンク切れが起きた場合の対応

プロジェクトファイルを開いた際に、[メディアをリンク]ダイアログボックスが表示され、「次のクリップのメディアがありません」などのエラーが出ることがあります。この状態をリンク切れといいます。
リンク切れが発生した場合は、次ページの方法でファイルの再リンクを行います。

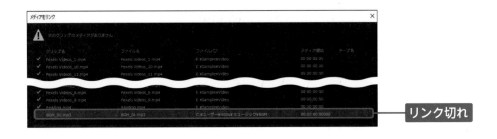

リンク切れ

# ファイルの再リンクを行う

リンク切れが発生した場合、[メディアをリンク]ダイアログボックスが表示されます。このダイアログボックスで、次のように操作することで、再リンクが設定されます。なお、プロジェクトパネルにリンク切れファイルのサムネイルがある場合は、サムネイルを右クリックして[メディアを再リンク]をクリックしても、[再リンク]ウィンドウを表示できます。

[メディアをリンク]ダイアログボックスに表示されているファイルのうち、チェックマークのないファイルがリンク切れのファイルです。リンク切れのファイルをクリックし❶、ファイルのオプションをすべてオンにした

状態で❷、[検索]をクリックします❸。

[ファイル「（リンク切れのファイル名）」を検索]ダイアログボックスが表示されます。リンク切れのファイルのパス情報を参考に、サンプルファイルが保存されているフォルダーか、親となるフォルダー（ここではSample）をクリックします❹。[名前が完全に一致しているものだけ表示]をクリックしてオンにし❺、[検索]をクリックします❻。ファイルが保存されているフォルダーをクリックし❼、その中にある目的のファイルをクリックします❽。パスの表示が変わったことを確認して、[OK]をクリックすると❾、ファイルが再リンクされます。

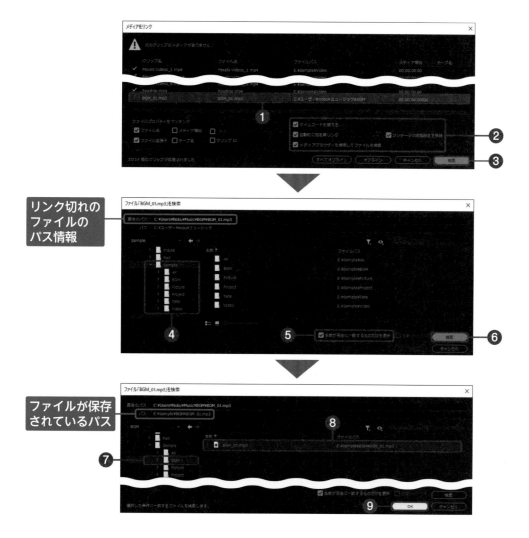

リンク切れの
ファイルの
パス情報

ファイルが保存
されているパス

 目次

## Chapter 1 Premiere Proの基本操作を身に付けよう

## Chapter 2 動画素材をカット編集しよう

## Chapter 3　トランジションやエフェクトでクリップを演出しよう

## Chapter 4 テロップを作成しよう

## Chapter 5 音声やBGMを追加／編集しよう

## Chapter 6　ステップアップした編集テクニックを利用しよう

# Chapter

# 1

# Premiere Proの
# 基本操作を
# 身に付けよう

この章では、Premiere Proで編集を行う前の準備について学びます。
この後の編集作業をスムーズに行うために、きちんと準備しておき
ましょう。

この章で
学ぶこと

# ファイルや画面の操作などの
# 基本操作を身に付けよう

## ①新規プロジェクトの作成

編集作業の最初の一歩は、プロ
ジェクトの作成からです。まず、
[ホーム]と呼ばれる画面で、新
規にプロジェクトの作成を選択し
ます。すでに編集を始めているプ
ロジェクトは、ファイルを選択し
て再編集します。

📑［ホーム］画面でプロジェクトを作成

## ②プロジェクト名と保存先の設定

[読み込み]画面では、これから
作成するプロジェクト名とプロ
ジェクトファイルの保存先を設定
します。また、これから編集作業
で利用する素材データの保存場所
を確認し、データを表示します。

📑［読み込み］画面でプロジェクト名と保存先を設定

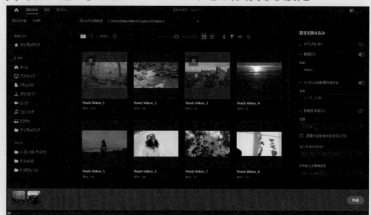

## ③素材データの読み込み

[編集] 画面が表示されたら、利
用する素材データを追加で読み込
みます。

📖 [編集] 画面で素材データを読み込む

## ④ワークスペースの切り替え

Premiere Proで快適に編集作業が
行えるようにするため、環境設定
を行います。また、[編集] 画面
は「ワークスペース」と呼ばれて
おり、作業目的に応じたデザイン
が設定されています。このワーク
スペースの切り替えも、快適な編
集作業のために必要な処理です。

📖 ワークスペースを切り替える

## ⑤プロジェクトの保存

Premiere Proでの編集情報は、す
べてプロジェクトファイルに記録
されます。したがって、プロジェ
クトファイルを適切に管理するこ
とは、編集を継続して1本の動画
作品を作るためにも重要な作業に
なります。プロジェクトファイル
をどこのフォルダーで管理するの
か、しっかりと決めてから編集作
業を開始しましょう。

📖 保存するフォルダーを決めておく

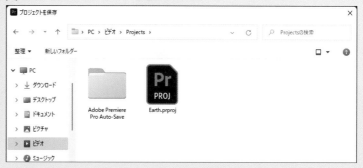

# Premiere Proでできることを知ろう

Premiere Proは、動画データを編集するためのアプリケーションです。動画の編集とは、動画データや写真データなどをつなぎ合わせ、音楽やタイトルを加えて作品を作り上げる作業のことです。

## 動画の編集って何？

「動画の編集」とは、動画作品を作る編集作業です。動画作品とは、ビデオカメラや一眼レフカメラ、スマートフォンなどで撮影した動画データに、写真データや音楽データ、テキストデータなどを組み合わせたものです。もちろん、動画データ単体でも作品です。ですが、その動画データから必要な部分を切り出し、場面切り替えの効果やエフェクト効果などで映像を加工すると、映像で伝えたいことを強調できます。さらに、エフェクトを設定したり、BGMを加えたりすることで、より多くの人に楽しんでもらえる作品にステップアップできます。
完成した動画作品は、YouTubeやFacebookなどのSNS（Social Networking Service：ソーシャル・ネットワーキング・サービス）を利用して、世界中の利用者同士で楽しむことができます。
「Adobe Premiere Pro」（以下「Premiere Pro」）は、その動画作品を作成するためのアプリケーションです。Premiere Proでは、動画データや写真データ、音楽データ、テキストなどを組み合わせて、動画作品を編集できます。それだけでなく、完成した動画作品を動画ファイルとして出力したり、Premiere Proから直接SNSに公開したりできる、利便性の高い動画編集アプリケーションなのです。

## 動画編集で利用する素材

動画の編集では、さまざまな形式のデータを利用できますが、主に「動画」「音楽」「写真」「テキスト」などのデータが編集素材として利用されます。

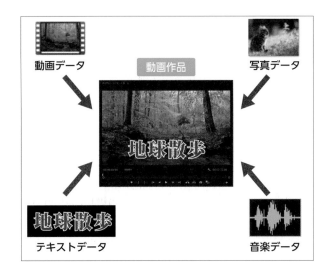

動画データ　　動画作品　　写真データ

地球散歩

テキストデータ　　音楽データ

# Premiere Proを利用する前に知っておきたい3つの用語

Premiere Proでの動画編集を始める前に、ここで解説する3つの用語を覚えてください。これらを知っておくだけで、動画関連の設定の意味がわかるようになります。

## ■フレーム

動画はどのようにして動きを表現していると思いますか？ 動画は、実はアニメーションなのです。では、何をアニメーションしているのかというと、写真なのです。この写真は、デジタルカメラなどで撮影する写真と同じもので、その写真を高速に切り替えて表示することで動きを表現しています。そして、この1枚の写真のことを、動画編集では「フレーム」と呼んでいます。

1枚の写真データ

## ■フレームレート

動画は、フレームと呼ばれる写真を高速に切り替えて表示することで動きを表現しています。そして、1秒間に何枚の写真を切り替えて表示するかを示したものが、「フレームレート」です。一般的な動画は1秒間に約30枚のフレームを切り替えており、これを30fps（frames per second）と表記します。なお、現在は「約」ではなく、正確に29.79fpsと表記されます。

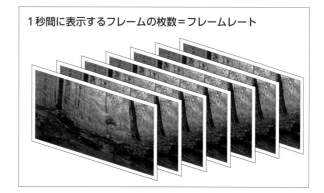

1秒間に表示するフレームの枚数＝フレームレート

## ■タイムコード

動画の編集では、連続したフレームとフレームの間で分割したり、不要なフレームを削除したりして編集を行っています。どのフレーム位置で分割するかを指定する場合、先頭から数えて何枚目のフレームで分割するかを指定します。このとき、特定のフレームを指定するには、「時間軸」を利用して、先頭からの枚数を指定します。

たとえば、右図のフレームは、先頭から数えて2分13秒25フレーム目のフレームだというように指定します。

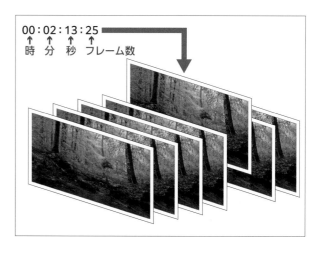

00：02：13：25
時　分　秒　フレーム数

# 動画編集のワークフローを
# 確認しよう

動画の編集では、いま自分は何をしているのか、次に何をするのかを理解しておくことが重要です。
そのためには、動画編集の流れを理解する必要があります。

## ①必要な映像部分を残す「カット編集」

動画編集では、新規に作成したプロジェクトに編集用の動画データを取り込み、このデータを「シーケンス」と呼ばれる編集を行うためのパネルに配置します。配置した素材は、不要な映像部分をカットして必要な映像部分だけをピックアップする「トリミング」という作業を行います。また、トリミングした動画の並び順を入れ換えて調整することもあります。なお、トリミングはすべての編集素材に対して行います。このトリミング作業を中心とした編集作業のことを「カット編集」といいます。

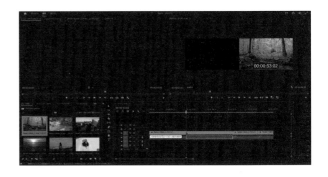

## ②エフェクトの設定

シーケンスのトラックと呼ばれるラインに映像や音声などのデータが配置されているのですが、動画と動画の切り替わり部分に「トランジション」と呼ばれる特殊な効果を設定することで、スムーズな切り替えが演出できます。また、映像全体に「ビデオエフェクト」を設定することで、映像全体に特殊効果を設定することも可能です。

## ③テロップの作成

映像の編集作業に合わせて、メインタイトルを設定したり、動画作品の最後に協力者の一覧などを表示する「エンドロール」と呼ばれるテキストを設定したりします。このようなテキストによる効果を「テロップ」と呼び、動画編集の世界では、テロップを作成する作業のことを「テロップ入れ」などと呼んでいます。

## ④BGMの追加

映像の編集とテロップの作成ができたら、BGMや効果音などを設定すると、より作品としての完成度が上がります。なお、動画作品にとって、BGMは動画素材と同じくらい重要な素材です。場合によっては、BGMによって作品のイメージが決まるほどです。BGMデータに対しても、トリミングやトランジションの設定などを行います。

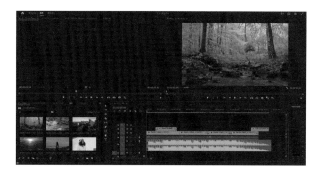

## ⑤動画の出力

編集を終えたプロジェクトは、動画ファイルとして出力します。動画ファイルの出力は、Premiere Proから出力することもできますが、Media Encoderと呼ばれる動画ファイル出力専用のアプリケーションを利用するのが主流です。また、YouTubeなどの動画サイトやSNSへも、Premiere Proから直接動画データをアップロードし、公開することができます。

# Premiere Proを起動・終了しよう

ここでは、Premiere Proの起動と終了方法について解説します。Premiere Proの起動にはスタート
メニューから起動する方法と、プロジェクトファイルから起動する方法があります。

## スタートメニューからPremiere Proを起動する

① Windowsを起動したら［スタート］をク
リックしてスタートメニューを表示し
❶、［すべてのアプリ］をクリックして
表示された一覧から、［Adobe Premiere
Pro 2023］をクリックします❷。

> Macの場合は、［Lanchpad］を表示して、
> ［Adobe Premiere Pro 2023］をクリックしま
> す。

> スタートメニューで［すべてのアプリ］を
> 表示し、Premiere Proを右クリックして［スター
> トにピン留めする］をクリックすると、スター
> トメニューから起動できるようになります。

## プロジェクトファイルから起動する

Premiere Proで動画を編集すると、指定したフォルダーに必ず
プロジェクトファイルが保存されます。このプロジェクトファイ
ルのアイコンをダブルクリックすると、編集したプロジェク
トのデータを読み込みながらPremiere Proが起動します。慣れ
てきたら、この方法も試してみてください。

② Premiere Proが起動すると、最初に［ホーム］画面が表示されます。新しい動画作品を作成する場合は、［新規プロジェクト］をクリックします❶。2回目以降は、［ホーム］画面の中央にプロジェクトファイル名が表示されるので、それをクリックして再編集します。

## Premiere Proを終了する

① メニューバーの［ファイル］をクリックし❶、［終了］をクリックします❷。

💡 Macの場合は、メニューバーの［Premiere Pro］をクリックして、［Premiere Proを終了］をクリックします。

② Premiere Proで編集を行っていて、プロジェクトを保存していない場合、確認のダイアログボックスが表示されます。［はい］をクリックしてプロジェクトを保存すると❶、Premiere Proが終了します。

# 新規にプロジェクトを作成しよう

Premiere Proで編集した情報は、すべてプロジェクトファイルに保存されます。
そのため、編集を開始する前に、プロジェクトの情報を入力しておきます。

## プロジェクトを設定する

1 新しく動画作品を制作する場合は、[ホーム] 画面で [新規プロジェクト] をクリックします❶。

2 [読み込み] 画面に切り替わるので、[プロジェクト名]の[名称未設定]を削除し、プロジェクト名を入力します❶。

💡 プロジェクト名には、どのような内容の動画を編集しているのか推測できる、わかりやすい名称を設定しましょう。

③ プロジェクトファイルの保存先を変更します。[プロジェクトの保存先]の ⌄ をクリックし❶、[場所を選択]をクリックします❷。

💡 デフォルトでは、Windowsでは「C:\User\（ユーザー名）\Documents\Adobe\Premiere Pro\23.0」が、Macでは「/Users（ユーザー名）/Documents/Adobe/Premiere Pro/23.0」が設定されています。

④ [プロジェクトの保存先]ダイアログボックスが表示されます。保存先のドライブやフォルダーを選択し❶、プロジェクトファイルを保存するフォルダーを選択します❷。選択したら、[フォルダーの選択]（Macでは[選択]）をクリックします❸。

💡 データを保存するフォルダーは、ユーザーが自分で作成してください。

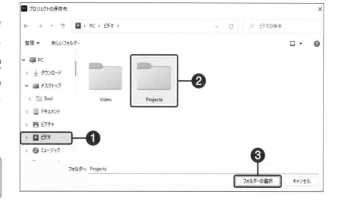

⑤ 選択した保存先フォルダー名が登録されました。

保存先フォルダーが登録された

 素材とは別のフォルダーに保存する

SSDやハードディスク、フォルダーの破損に備えて、プロジェクトリアルの保存先は、素材データとは別のフォルダーがおすすめです。可能であれば、ハードディスクやSSDも別のものをおすすめします。

# 動画素材を選択しよう

プロジェクトを作成すると、デフォルトサンプルの動画サムネイルが表示されます。
ここでは、これから編集する動画素材を選択します。

## 動画素材を表示する

**1** 利用したい動画素材が保存されているドライブをクリックし❶、データが保存されているフォルダーをダブルクリックします❷。

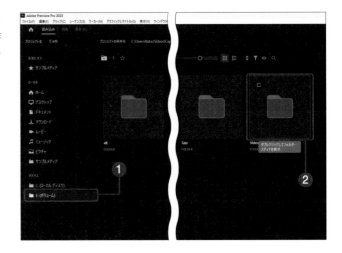

**2** フォルダー内の動画データのサムネイルが表示されます。ここから、データを1、2点クリックして選択します❶❷。選択したデータは左上にチェックマークが表示され❸❹、画面下の［選択トレイ］にも、選択した順に登録されます❺。

③ 画面右の[設定を読み込み]にある[新規ビン]のスイッチをクリックしてオンにすると、青色で表示されます❶。先頭の▶をクリックして設定を開き、[名前]に登録する素材の種類がわかる名称を入力します❷。

💡 Premiere Proでは、データなどを保存するフォルダーのことをビンと呼びます。

④ [シーケンスを新規作成する]のスイッチをクリックしてオンにし、青色の表示に変更します❶。[名前]は自由に変更してください。

💡 本書では解説上、名前は[シーケンス01]とデフォルト(初期値)のまま利用しています。通常は、編集内容がわかるような名前に変更してください。

⑤ プロジェクト名、保存先、素材の選択、[設定を読み込み]の設定を確認し、画面右下の[作成]をクリックすると❶、プロジェクトが作成されます。

💡 24ページの[編集]画面左下にある[プロジェクト]パネルに、手順④の操作で設定したビンが登録されます。手順②の操作で選択した動画データは、その中に保存されます。

# ［編集］画面を表示しよう

プロジェクトを作成したあとに表示される画面が［編集］画面です。
ここが編集のメイン画面ですので、それぞれの機能や名称を確認しておきましょう。

## Premiere Proの［編集］画面を確認する

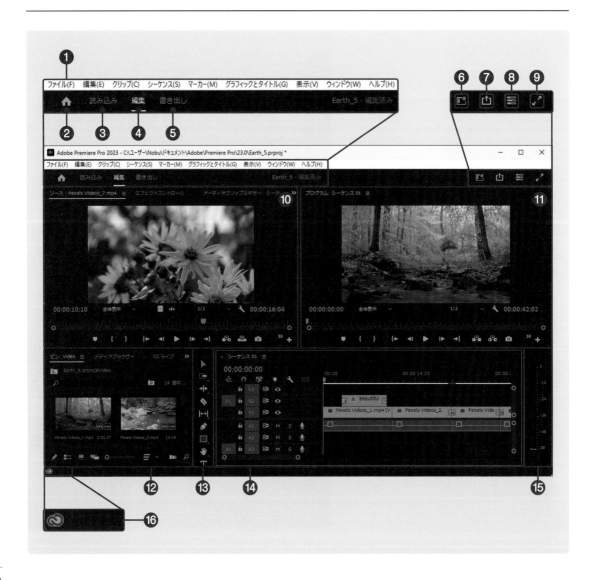

| ❶メニューバー | Premiere Proが備えるすべてのコマンドの選択／実行ができます |
|---|---|
| ❷ホーム | [ホーム]画面に切り替えます |
| ❸読み込み | [読み込み]画面に切り替えます |
| ❹編集 | [編集]画面に切り替えます |
| ❺書き出し | 編集中のプロジェクトを動画ファイルとして出力する、[書き出し]画面に切り替えます |
| ❻ワークスペース | [編集]画面をワークスペースといいます。この画面の構成を作業目的に合った構成に切り替えます |
| ❼クイック書き出し | 編集中のプロジェクトを、動画ファイルとしてスピーディに出力できます |
| ❽進行状況ダッシュボードを開く | 現在までに終了した作業内容を表示します |
| ❾フルスクリーンビデオ | 編集中の動画を、フルスクリーンモードで表示します。元に戻す場合は、[Esc]を押します |
| ❿[ソースモニター]パネルグループ | 読み込んだ素材データを再生／確認する[ソースモニター]パネルのほか、複数のパネルがグループ化されています |
| ⓫[プログラムモニター]パネル | 編集中のクリップを再生／確認することができます |
| ⓬[プロジェクト]パネルグループ | 素材を管理する[プロジェクト]パネルのほか、複数のパネルがグループ化されています |
| ⓭[ツール]パネル | トリミングなど[タイムライン]パネルでの編集作業で利用するツールを選択できます |
| ⓮[タイムライン]パネル | 動画やオーディオなどの素材データを編集するためのパネルです。Premiere Proのメインの作業場になります。Chapter 2の44ページで詳しく解説しています |
| ⓯オーディオメーター | 音量の大きさをグラフで表示します |
| ⓰ステータスバー | 警告などが表示されます |

「❸読み込み」、「❹編集」、「❺書き出し」は、必要に応じてクリックして画面を切り替えながら、編集作業を行います。

📑〔読み込み〕画面

📑〔編集〕画面

📑〔書き出し〕画面

# ワークスペースを切り替えよう

ワークスペースは複数のパネルで構成されており、作業目的に応じてワークスペースを切り替えて
利用します。ここでは、ワークスペースの切り替え方法について解説します。

## ワークスペースを切り替える

① 初めてPremiere Proを起動して［編集］
画面を表示すると、［学習］というワー
クスペースが表示されます❶。これは
Premiere Proのチュートリアルビデオな
どを利用するための勉強用のワークス
ペースです。

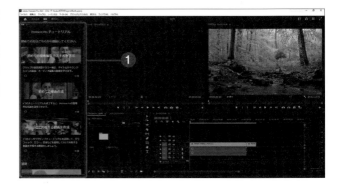

② 動画の編集は［編集］ワークスペースで
行います。ワークスペースを切り替える
には、画面右上の［ワークスペース］
をクリックしてメニューを表示し❶、
［編集］をクリックします❷。

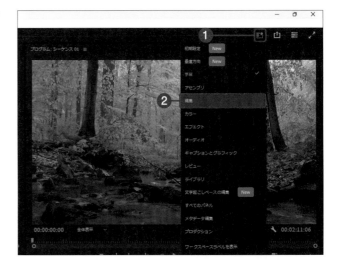

③ ワークスペースが[編集]に切り替わります。通常、この[編集]ワークスペースが、編集作業を行うためのメインの画面になります。

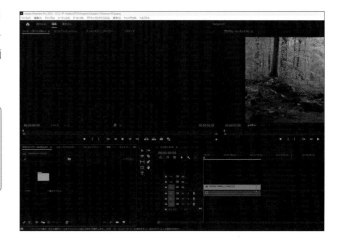

 本書では、とくに指示がない限り[編集]ワークスペースで解説を行っています。解説内容によって、ほかのワークスペースに切り替えた場合は、必ず[編集]ワークスペースに戻してください。

## [キャプションとグラフィック]
### ワークスペースはテロップ作成用

[編集]のほかによく利用するワークスペースが[キャプションとグラフィック]です。ここはメインタイトルなどテロップの作成に利用します（Chapter 4参照）。画面右にある[エッセンシャルグラフィックス]パネルが特徴です。

## パネルを個別に表示する

[エッセンシャルグラフィックス]などのパネルは、ワークスペースを切り替えなくても表示できます。[編集]ワークスペースでメニューバーの[ウィンドウ]をクリックし❶、[エッセンシャルグラフィックス]をクリックすると❷、表示されます。

# ワークスペースとパネルの関係を知ろう

ワークスペースを構成するパネルは、サイズや表示位置を調整できます。
また、サイズや位置を変更した場合、かんたんにデフォルト状態に戻すことも可能です。

## パネルのサイズを変更する

**1** パネルをクリックすると❶、パネルが選択状態になり、青い枠が表示されます。青い枠にマウスポインターを合わせるとマウスポインターの形が変わるので❷、上下あるいは左右にドラッグします。

> ここでは、[タイムライン] パネルの上部を上方向にドラッグしています。

**2** パネルのサイズが変わります。

パネルの大きさが変わった

## パネルの表示位置を変更する

 パネルの名前が表示されているタブをドラッグすると❶、移動先の背景色が変更されます。背景色が変更された位置にドロップします❷。

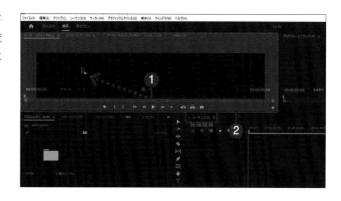

 パネルの表示位置が変更されました。

パネルの表示位置が変更された

 利用しやすいワークスペースのデザインができたら、そのワークスペースを登録することできます。ワークスペースの切り替えメニューから、[新しいワークスペースとして保存]をクリックします。名前は自由に付けられます。登録したワークスペースを削除する場合は、[ワークスペースを編集]をクリックします。

## ワークスペースをデフォルトの状態に戻す

[ワークスペース] をクリックし❶、表示されるメニューから [保存したレイアウトにリセット]をクリックすると❷、ワークスペースをデフォルトの状態に戻すことができます。表示位置やパネルのサイズが変わってしまった場合などに利用してください。

# 環境設定と自動保存を設定しよう

Premiere Proでの編集作業を開始する前に、環境設定を実行しておきましょう。
ここでは、ビンの表示方法とプロジェクトの自動保存の設定を行います。

## ビンの表示方法を設定する

**①** メニューバーの［編集］をクリックし❶、［環境設定］をクリックして❷、［一般］をクリックします❸。

💡 Macでは、メニューバーの［Premiere Pro］をクリックし、［設定］をクリックして、［一般］をクリックします。

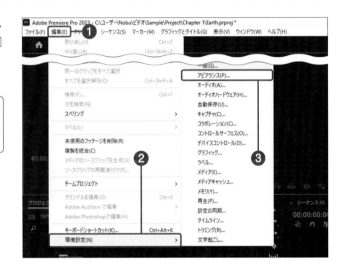

**②** ［一般］にある［ビン］を次のように設定します❶。［OK］をクリックすると、設定が反映されます❷。

| ダブルクリック | 同じ場所で開く |
| --- | --- |
| + Ctrl | 新規ウィンドウで開く |
| + Alt | 新規タブで開く |

💡 Macの場合は、次のようにキーを置き換えてください。
- Ctrl → command
- Alt → option

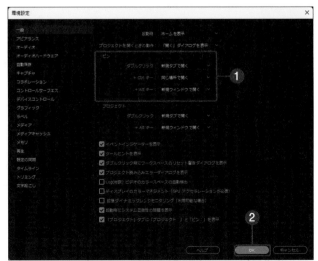

## ［新規ウィンドウで開く］を選択した場合の表示

［新規ウィンドウで開く］では、［プロジェクト］パネルが別ウィンドウで表示されます。複数のモニターを利用する場合、この方法で別モニターに［プロジェクト］パネルを常時表示して利用します。

## ［新規タブで開く］を選択した場合の表示

［新規タブで開く］では、［プロジェクト］パネルが［ビン］❶というタブ名で［プロジェクト］❷とは別タブで表示されます。パネルの数が多くなるので、この表示方法はおすすめできません。

# 自動保存を設定する

① プロジェクトファイルが自動的に保存されるように、自動保存の設定を行います。［環境設定］画面を表示して［自動保存］をクリックし❶、2つの設定項目を次のように設定します❷。設定できたら、［OK］をクリックします❸。

| 自動保存の間隔 | 5分 |
|---|---|
| プロジェクトバージョンの最大数 | 5 |

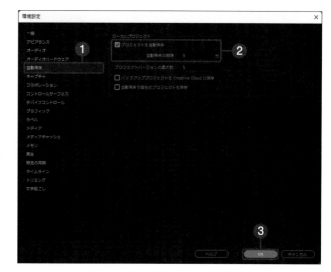

## プロジェクトバージョン

通常のプロジェクトファイルとは別に、ファイル名に保存時間がファイル名に利用されたプロジェクトファイル（プロジェクトバージョン）が保存されます。プロジェクトバージョンは指定した自動保存間隔に1個ずつ、最大5個まで保存されます。6個目からは最初に保存したファイルが上書きされ、常に最新の5個のプロジェクトファイルが保存された状態で管理されます。

# 素材を追加で読み込もう

［プロジェクト］パネルに編集素材を追加で読み込んでみましょう。
素材の読み込み方法は複数あるので、利用しやすい方法で行ってください。

## ［読み込み］画面から読み込む

**①** 画面左上にある［読み込み］をクリックして❶、［読み込み］画面に切り替えます。ここで表示されてる動画データのサムネイルから、利用したいデータをクリックして選択します❷。選択したデータは、画面下の選択トレイに登録されます❸。なお、画面を切り替える前に、動画データが保存されているビンを表示しておきます。

**②** 画面右にある［設定を読み込み］で、［新規ビン］、［シーケンスを新規作成する］のスイッチをそれぞれクリックしてオフにします❶❷。設定したら、［読み込み］をクリックします❸。

③ 選択した動画データが、［プロジェクト］
パネルに読み込まれました。なお、［プ
ロジェクト］パネルに読み込まれた素材
は、「クリップ」と呼ばれます。

素材が読み込まれた

💡≡ ［プロジェクト］パネルは、編集で利用する
素材を管理するためのパネルです。動画、写真、
音楽など、利用するすべての素材を管理できま
す。

## ［読み込み］ウィンドウから読み込む

① ［プロジェクト］パネルの何もない箇所
を、マウスでダブルクリックします❶。
ビンを切り替える場合は、［プロジェク
ト］パネルの左上に表示されているフォ
ルダーアイコン■をクリックして移動し
❷、ビンを切り替えます。

② ［読み込み］ダイアログボックスが表示
されます。読み込みたいデータが保存さ
れているフォルダーを開いてデータを選
択し❶、［開く］（Macでは［読み込み］）
をクリックします❷。

💡≡ メニューバーの［ファイル］→［読み込み］
をクリックしても、同じように［読み込み］ダイ
アログボックスを表示できます。

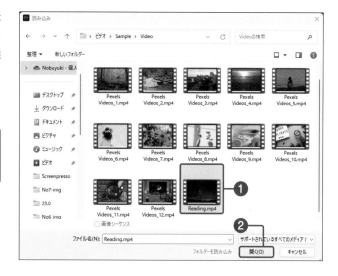

# 素材をプレビューしよう

Premiere Proに取り込んだ動画データを利用する場合、その動画データの内容を確認する必要があります。この利用前の内容確認のことを「プレビュー」といいます。

## ［プロジェクト］パネルのサムネイルでプレビューする

**1** ［プロジェクト］パネルのサムネイル上で、マウスポインターを合わせて左右に動かすと❶、サムネイルで動画の内容をプレビューできます。この場合、クリップのデュレーション（長さ）に関係なく、左端がスタート、右端がエンドになります。

## ［プロジェクト］パネルのスライダーでプレビューする

**1** ［プロジェクト］パネルのサムネイルをクリックすると、スライダーが表示されます❶。このスライダーを左右にドラッグすることでも、クリップ内容をプレビューできます。

## ［ソースモニター］パネルでプレビューする

**1** ［プロジェクト］パネルでサムネイルをダ
ブルクリックすると❶、［ソースモニ
ター］パネルに映像が表示されます。画
面下にタイムラインルーラーがあり、こ
こに青いホームベース型の再生ヘッドが
あるので❷、左右にドラッグしてプレ
ビューします。

## ［ソースモニター］パネルのコントローラーからプレビューする

**1** ［ソースモニター］パネルにはコントロー
ラーが備えられています。ここでコント
ローラーの［再生］をクリックすると❶、
内容をプレビューできます。また、［1
フレーム前へ戻る］❷や［1フレーム先へ
進む］❸をクリックすると、1フレーム
ずつのプレビューも可能です。

### ［読み込み］画面でプレビューする

プレビューは［読み込み］画面でも行えます。サム
ネイルにマウスポインターを合わせると白いライン
が表示されるので❶、左右に動かすとプレビュー
できます。動画素材を読み込む前にプレビューする
ときに利用してください。

# プロジェクトを保存しよう

事前に自動保存を有効にしておけば、プロジェクトの保存に気を使う必要はありません。
しかし、ファイルの安全のため、意識的に手動でも保存することをおすすめします。

## プロジェクトを上書き保存する

**1** メニューバーの［ファイル］をクリックし ❶、［保存］をクリックすると ❷、プロジェクトが保存されます。なお、［読み込み］画面でプロジェクトファイル名を設定しているので、ファイル名を入力する必要はありません。

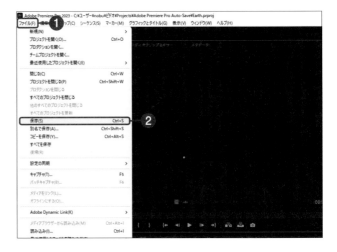

**2** すでに作成されているプロジェクトファイルに上書き保存されます。

💡 メニューから保存コマンドを選択・実行するほかに、ショートカットキーでプロジェクトを保存する方法もあります。その場合、次のショートカットキーを利用します。
・ Ctrl（ command ）＋ S

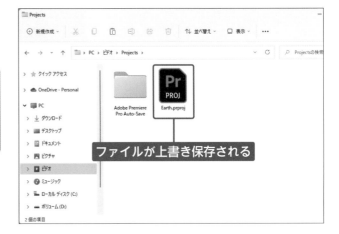

ファイルが上書き保存される

# プロジェクトを別名で保存する

① メニューバーの［ファイル］をクリック
し❶、［別名で保存］をクリックします
❷。

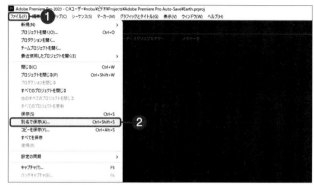

💡 ［別名で保存］のショートカットキーは Ctrl
（ command ）＋ Shift ＋ S です。

② ［プロジェクトを保存］ダイアログボック
スが表示されます。［ファイル名］（Macで
は［名前］）に任意の名前を入力して❶、
［保存］をクリックします❷。

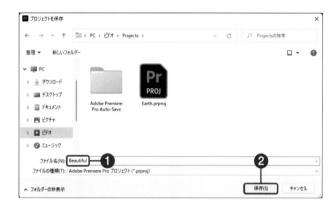

✏️ **プロジェクトバージョンの確認**

プロジェクトが保存されているフォルダーの中には、［Adobe
Premiere Pro Auto-Save］というフォルダーがあります。ここに
は、メインのプロジェクトファイルのコピーと、「プロジェクト
バージョン」という指定した間隔ごとに保存されているプロジェ
クトファイルがあります。このファイルは、常に5個保存されて
います。自動保存については31ページを参照してください。

# プロジェクトを読み込もう

プロジェクトはPremiere Proの起動時に読み込むほか、プロジェクトの編集中に、
別のプロジェクトを読み込んで利用することもできます。

## Premiere Proの起動時にプロジェクトを読み込む

1 Premiere Proを起動すると、［ホーム］
画面が表示されます。画面左の［ホーム］
をクリックすると❶、保存されている
プロジェクトファイルの一覧が表示され
ます。編集したいプロジェクトファイル
をクリックします❷。

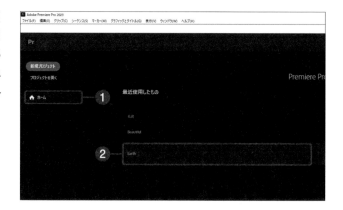

2 記録されているプロジェクトファイルの
内容にしたがって、編集途中だったプロ
ジェクトが表示されます。

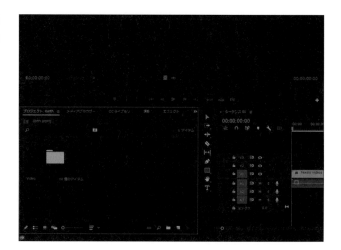

# プロジェクトファイルを選択して読み込む

**①** 20ページの手順①で、［ホーム］画面にプロジェクトファイルの一覧が表示された際に、利用したいプロジェクトファイルが一覧にない場合は、左上にある［プロジェクトを開く］をクリックします❶。

**②** ［プロジェクトを開く］ダイアログボックスが表示されます。プロジェクトファイルが保存されているフォルダーを開き、利用したいプロジェクトファイルをクリックして❶、［開く］をクリックします❷。

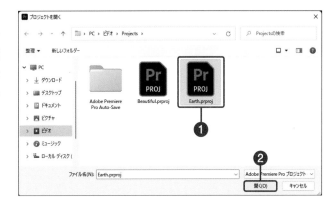

## ✏ 編集中にプロジェクトを開く

プロジェクトを編集中に、別のプロジェクトを開くことも可能です。メニューバーの［ファイル］をクリックし❶、［プロジェクトを開く］をクリックすると❷、編集中のプロジェクトと並行して別のプロジェクトを読み込むことができます。読み込んだプロジェクトのシーケンスや素材は、編集中のプロジェクトで相互に利用できます。

# 長時間の動画を読み込む

発表会やインタビューなどの撮影では、スタートからエンドまで1時間、2時間と長時間にわたって撮影することがあります。このような動画データを読み込む場合は、[読み込み] 画面やプロジェクトパネルなど通常の方法で読み込むのではなく、メディアブラウザーを利用して読み込んでください。

長時間録画された動画データは、撮影するビデオカメラのファイルシステムの関係で、2GB以上になると分割され、別ファイルデータとして管理されます。そのため、通常の読み込みでは1本の動画として認識されず、1本の連続した動画として編集することが難しくなります。

しかし、メディアブラウザーを利用して読み込むと、複数ファイルに分割されている動画を1本の連続した動画として認識して読み込むことができます。動画の編集作業が楽になるため、長時間の動画を編集する際はぜひ活用しましょう。

## ■メディアブラウザーから動画を読み込む

メディアブラウザーから動画を読み込むには、[プロジェクト] パネルの [メディアブラウザー] タブをクリックして❶、[メディアブラウザー]パネルを表示します。ファイルが保存されているフォルダーをクリックすると❷、保存されているファイルが表示されます。連続しているファイルのうち最初のファイルを右クリックし❸、[読み込み] をクリックすると❹、フォルダー内にある複数の動画が1本の連続した動画として認識して読み込まれます。

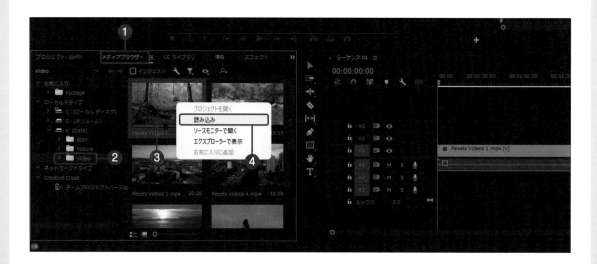

なお、❹で [読み込み] ではなく [エクスプローラーで表示] (Macでは [Finderで表示]) をクリックすると、フォルダー内の動画のプレビューに利用できます。

# Chapter

# 2

# 動画素材を
# カット編集しよう

動画の編集でもっとも時間のかかる作業が「カット編集」です。そのため、カット編集は効率よく作業することが重要です。この章では、そのヒントを解説しています。

この章で学ぶこと

# クリップの配置と並べ替え、トリミングを覚えよう

## ①シーケンスを使いやすく調整する

シーケンスは、動画編集を行うためのメインとなる作業場です。作業場での操作をスムーズに行うためには、作業場の機能を理解し、作業しやすい状態に調整する必要があります。編集作業を開始する前に、シーケンスを利用しやすく変更する方法について解説します。

☐ シーケンスを調整する

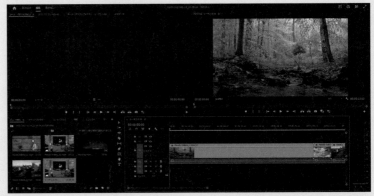

## ②シーケンスにクリップを並べる

動画編集作業の第一歩は、シーケンスへのクリップの配置です。クリップを並べることで、ストーリーを作り上げていきます。このとき、希望する順番にクリップを配置し、必要があれば順番を入れ替えます。また、場合によっては、クリップとクリップの間に別のクリップを配置するなどの作業を行います。

☐ クリップの配置や入れ替えを行う

## ③トリミングで必要な映像や時間を確保する

シーケンスに配置したクリップは、そのままでは不要な映像部分を含んでいたり、必要以上に長かったりします。そのため、クリップの中から必要な映像だけをピックアップするトリミング作業が必要です。また、トリミングには時間調整の役割もあります。

📖 **クリップをトリミングする**

## ④写真をアニメーションする

動画編集だからといって、利用できる素材は動画だけではありません。動画編集には写真も利用できます。写真は基本的に「動かない動画」ですが、これをアニメーションさせることで、動きを表現できます。ここでは、アニメーションの基本として、5つのポイントを紹介しています。

📖 **写真にアニメーションを追加して動かす**

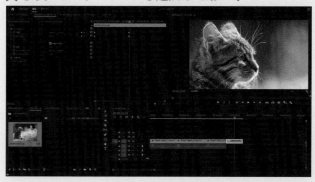

## ⑤4Kの動画を素材として利用する

4Kの動画データ編集には、パソコンにそれなりのスペックが必要です。しかし、「プロキシ」という機能を使ってプロキシファイルを作成すると、ノートパソコンのような非力なパソコンでも4Kの動画を編集することが可能です。

📖 **プロキシを利用する**

# シーケンスについて詳しく知ろう

Premiere Proでクリップの編集を行うメインのパネルが、[タイムライン]パネルです。
ここでは、[タイムライン]パネル上にあるシーケンスについて解説します。

## シーケンスとは

シーケンスは、[タイムライン]パネル上に表示される、複数のクリップをトラックに並べて1本の動画作品を作るための作業用パネルです。シーケンスで複数のクリップを1本にまとめる作業では、場面転換のための「トランジション」と呼ばれるエフェクトや、「ビデオエフェクト」と呼ばれる映像全体に設定するエフェクトの設定、メインタイトルなどのテロップクリップの配置、BGM用のオーディオクリップの配置と編集などを行います。[タイムライン]パネルはいわば、Premiere Proのメインのパネルです。

シーケンスはさまざまな編集作業に対応しており、多種多様な機能を搭載しています。ここでは最低限知っておきたい機能について確認しましょう。

### [タイムライン]パネルとシーケンス

### パネルメニュー

### タイムライン表示設定

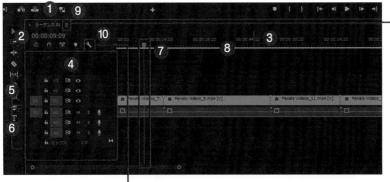

❶ [シーケンス]タブの下にある6個のアイコンのうち、左側の3個のアイコンは、通常はオン（青色）の状態で利用してください。特殊な編集を行う際のみ変更します。なお、その右横の[マーカーを追加] 🔳 は、複数メンバーでシーケンス編集している場合、編集時のメモなどとして利用します。

| ❶［シーケンス］タブ | シーケンスの名称が表示されます。タブをクリックしてシーケンスを切り替えることができます。名称の先頭にある ✕ をクリックすると、シーケンスが閉じます |
|---|---|
| ❷現在のタイムコード | 再生ヘッド下の、「編集ライン」があるフレーム位置のタイムコードを表示しています。なお、タイムコードに数値を入力すると、指定したタイムコードに再生ヘッドをジャンプできます |
| ❸タイムラインルーラー | フレームのタイムコードが時間軸として並んでいます。タイムラインルーラーは、左端を「00:00:00:00:」として、先頭から何枚目のフレームなのかを確認できます。同時に、このタイムコードが、動画のデュレーション（長さ、再生時間）を示しています |
| ❹トラックヘッダー | トラック表示のオン／オフや、オーディオのオン／オフなどを操作するボタンなどがあります |
| ❺ビデオトラック（「V」トラック） | 動画クリップから動画データ部分を配置し、編集するトラックです。「V1」をメイントラックと呼び、映像データを配置します。それ以外を「オーバーレイトラック」と呼び、映像と合成するための要素を配置します |
| ❻オーディオトラック（「A」トラック） | 動画クリップから音声データ部分を配置し、編集するトラックです。「A1」をメイントラックと呼び、音声データを配置します。それ以外を「オーバーレイトラック」と呼び、メインの音声データと合成するための要素を配置します |
| ❼再生ヘッドと編集ライン | 編集対象のフレームのあるタイムコード位置を示しています。再生ヘッドからは、現在のフレームに「編集ライン」が伸びています |
| ❽レンダリングバー | クリップにエフェクトなどを設定すると、スムーズに再生できるかどうかを色で示しています。再生が難しい場合は、レンダリングを行う必要があるかどうかを色で判断します<br>**緑色**：なめらかに動画を再生できる。レンダリングの必要はない<br>**黄色**：レンダリングの必要はないが、なめらかに再生されない場合はレンダリングが必要<br>**赤色**：なめらかに再生できないので、レンダリングが必要 |
| ❾パネルメニュー | ［タイムライン］パネルの表示に関する設定のためのコマンドを、選択または実行できます |
| ❿タイムライン表示設定 | シーケンスを構成する属性（機能）の表示／非表示を選択できます |

「レンダリング」とは、映像やテキストなどのデータを、動画ファイルとしてまとめる作業のことです。レンダリングは、[Enter]を押すか、メニューバーから［シーケンス］→［インからアウトをレンダリング］をクリックして実行します。

## シーケンスは複数設定できる

シーケンスは［タイムライン］パネルの上に表示されます。本書では、1つのシーケンスで編集作業を行う方法を紹介していますが、プロジェクトでは複数のシーケンスを設定できます。たとえば、オープニング用のシーケンス、エンディング用のシーケンスを作成しておき、別のシーケンスのトラックにこれら2つのシーケンスと本編用のシーケンスを配置すれば、連載用の動画を作成することも可能です。

# 新規にシーケンスを作成しよう

シーケンスが新規に必要になった場合、手動でシーケンスを作成できます。
この場合、素材データを利用してシーケンスを作成します。

## ドラッグ＆ドロップでシーケンスを作成する

① シーケンスのタブ名の左にある■をク
リックし、現在開いているシーケンスを
閉じます❶。

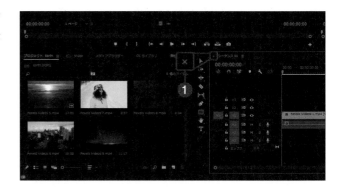

② [プロジェクト] パネルから、動画クリッ
プを [タイムライン] パネルにドラッグ
＆ドロップします❶。

③ シーケンスが作成され、［タイムライン］パネルに表示されます❶。［プロジェクト］パネルにも、ドラッグした動画クリップとは別にシーケンスのサムネイルが表示されています❷。

💡 ［プロジェクト］パネル内で、クリップを右下にある［新規項目］というアイコン🔲にドラッグ＆ドロップしても、新規にシーケンスを作成できます。この場合、すでに表示されている［タイムライン］パネルのシーケンスを閉じる必要はありません。

シーケンスが作成された

④ 作成したシーケンスの名前は、ドラッグ＆ドロップしたファイル名から引き継がれています。別の名前に変更するには、［プロジェクト］パネルのシーケンス名をクリックし、新しい名前を入力して Enter を押します❶。名前を変更すると、［タイムライン］パネルのシーケンス名も変更されます❷。

［タイムライン］パネルの
シーケンス名も変更される

✏️ ファイルとシーケンスの見分け方

動画ファイルをドラッグ＆ドロップでシーケンスを作成すると、ファイル名がシーケンス名に利用されます。どちらも同じサムネイルですが、右下のアイコンが異なるため、このアイコンで見分けられます。

ファイルのアイコン

シーケンスのアイコン

# シーケンスを操作しよう

Premiere Proでの編集作業のメインとなるのがシーケンスです。ここではシーケンスを閉じる／表示する操作と、トラックの高さ調整を行ってみましょう。

## シーケンスを閉じる／表示する

① [タイムライン]パネル上に表示されているシーケンスは、左上にある[シーケンス]タブの左端の■(閉じる)をクリックして閉じます①。

② 閉じたシーケンスを表示させたい場合は、[プロジェクト]パネルにあるシーケンスのサムネイルをダブルクリックします①。[タイムライン]パネル上にシーケンスが表示されます。

シーケンスのサムネイルの見分け方は、47ページを参照してください。

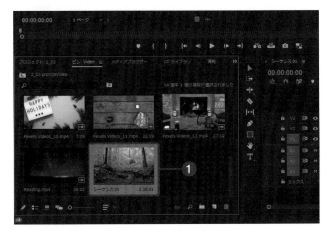

## ビデオトラックの高さを変更する

**1** ビデオトラックのトラックヘッダーの何もない箇所をダブルクリックします**❶**。

**2** トラックの高さが高くなり、同時にクリップのサムネイルも表示されます。

## オーディオトラックの高さを変更する

**1** オーディオトラックも、トラックの高さの変更時と同じようにトラックヘッダーをダブルクリックすると**❶**、高さを変更できます。なお、オーディオトラックの場合は、音声の波形が表示されます。また、音量調整も可能です（172ページ参照）。

# トラックのズーム操作を行おう

複数のクリップをシーケンスのトラックに配置すると、トラックに余裕がなくなります。このような場合は、トラックの表示をズーム操作することで、クリップの配置スペースが表示されます。

## ズームハンドルで拡大／縮小する

**①** 再生ヘッドを、タイムラインルーラーの一番左端に合わせます❶。

💡 再生ヘッドはドラッグするか、の箇所をクリックすると、移動することができます。

**②** スライダーを左右にドラッグすると、ドラッグの表示範囲を変更することができます。スライダーの左右にある右側の○のズームハンドルを右方向にドラッグします❶。トラックが縮小表示され、クリップを配置する場所が確認できます。

💡 スライダーには左右に○の形のズームハンドルがあります。どちらでも拡大／縮小操作ができますが、表示が逆になります。左側のズームハンドルでは、右方向にドラッグすると縮小、左方向にドラッグすると拡大表示されます。

トラックが縮小表示される

③ 再生ヘッドを、クリップを配置したト
ラックの任意の場所に配置します❶。
場所はどこでもかまいません。この状態
で、右側のズームハンドルを左方向にド
ラッグします❷。

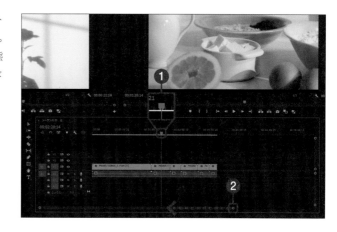

④ ズームハンドルをさらに左方向にドラッ
グすると❶、再生ヘッドがシーケンス
の中央に表示され❷、そこを中心にト
ラックが拡大表示されます。

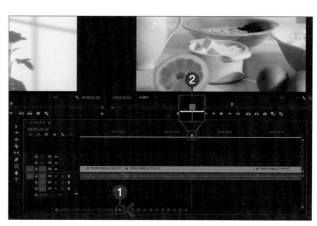

💡 縮小する場合も同様に、再生ヘッドをどの
位置に配置してもかまいません。再生ヘッドが
シーケンスの中央に表示され、縮小表示されます。

## ショートカットキーで全体表示する

① シーケンスに複数のクリップを配置して
いるときに、キーボードの¥を押します。
プロジェクト全体が表示されるようにサ
イズが調整され❶、右端にクリップを
配置する余白が表示されます❷。トラッ
クに並べられてるクリップの数に関係な
く、必ず余白が表示されます。

💡 キーボードのキーを押して機能を呼び出す
操作を、ショートカットキーといいます。ショー
トカットキーを使う場合は、必ずアルファベッ
トなど半角文字を入力する半角モードで操作し
ます。ひらがなや漢字を入力する全角モードで
は、ショートカットキーは機能しません。

# シーケンスにクリップを配置しよう

シーケンスにはクリップを後から手動でドラッグ＆ドロップで配置することができます。また、素材から映像データだけを配置したり、音声データだけを配置したりすることも可能です。

## ［プロジェクト］パネルから配置する

(1) 素材をメイントラックの[V1]トラック(ここでは、すでに配置されているクリップの右横)にドラッグ＆ドロップします❶。

💡 ［読み込み］画面で素材を選択し［シーケンスを新規作成する］をオンにしてプロジェクトを作成すると、選択した素材が事前にシーケンスのタイムラインに配置されています。

(2) シーケンスのトラックに配置されます。トラックに配置されると、ファイル名が表示されます。このとき、前のクリップとの間に空きができないように配置します。

ファイル名が表示される

💡 Premiere Proでは、取り込んだ素材をトラックに配置した場合、その素材を「クリップ」と呼んでいます。場合によっては［プロジェクト］パネル内の素材もクリップと呼びます。呼び分け方に決まりはありません。また、動画素材を「ビデオクリップ」、音声素材を「オーディオクリップ」と呼び分けることもあります。

💡 Premiere Proでは、クリップがある一定の距離に近づくとピタリとクリップが接続される「スナップ機能」が、デフォルトでオンになっています。シーケンスの左上にある「タイムラインをスナップイン」というアイコン🔳で状態を確認できます。

# ［ソースモニター］パネルから配置する

**①** ［プロジェクト］パネルのサムネイルを
ダブルクリックし❶、［ソースモニター］
パネルに表示します❷。プレビューし
たら、映像部分をシーケンスにドラッグ
＆ドロップすると❸、クリップを配置
できます。

💡 手順①〜③はすべて、すでに配置されてい
るクリップの右横にドラッグ＆ドロップしてい
ます。

**②** ［ソースモニター］パネルでのプレビュー
後、モニター画面下部にある［ビデオの
みドラッグ］をシーケンスにドラッグ＆
ドロップすると❶、映像データだけを
ビデオトラックに配置できます。

**③** ［ソースモニター］パネルでのプレビュー
後、モニター画面下部にある［オーディ
オのみドラッグ］をシーケンスにドラッ
グ＆ドロップすると❶、音声データだ
けをオーディオトラックに配置できま
す。

Section

# 06

# クリップとクリップの間に
# 別のクリップを挿入しよう

シーケンスのトラックに複数配置したクリップとクリップの間に、別のクリップを挿入してみましょう。このとき、上書きしないように挿入するのがポイントです。

## ドラッグ＆ドロップで挿入する

**①** ［プロジェクト］パネルから利用したいクリップを、シーケンスのトラックに配置されているクリップとクリップの接合する位置に Ctrl（command）を押しながらドラッグ＆ドロップします**❶**。このとき、編集ラインには白い▷マークが表示されます。

💡 クリップとクリップが接合した位置のことを「編集点」といいます。

**②** 編集点でドロップすると、クリップとクリップの間に新しいクリップが挿入されます**❶**。

💡 編集作業を取り消したり、やり直したりする場合は、次のショートカットキーを利用します。
編集作業を取り消す：Ctrl（command）＋ Z
取り消しをやり直す：Shift ＋ Ctrl（command）＋ Z

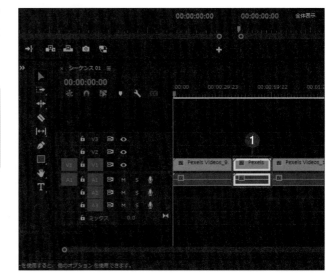

## ［インサート］を利用して挿入する

**①** シーケンスで、編集点に再生ヘッドを合わせます❶。

💡 編集点に再生ヘッドをピタリと合わせるのは、意外と難しいです。キーボードの↑↓を押すと、編集点にピタリと再生ヘッドがジャンプしてくれます。

**②** ［プロジェクト］パネルで、挿入したいクリップをダブルクリックして［ソースモニター］パネルに表示し❶、内容をプレビューします❷。確認したら、［インサート］🔲をクリックします❸。

**③** ［ソースモニター］パネルで確認したクリップが、再生ヘッドを配置した編集点に挿入されます。

💡 再生ヘッドがクリップ上にあるときに［インサート］をクリックすると、クリップが分割して挿入されます。うっかり分割挿入しないように注意してください。

# クリップの順序を入れ替えよう

動画の作成では、ストーリーが大切です。動画編集では、シーケンスにどのような順番でクリップを並べるかでストーリーを作ります。ここでは、クリップの並び順を入れ替える方法を解説します。

## ドラッグ＆ドロップでクリップの順番を入れ替える

① シーケンスに配置したクリップの順番を入れ替えてみましょう。ここでは、3つ目のクリップを1つ目と2つ目の間に移動します。移動するクリップがわかりやすくなるよう、次の手順で3つ目のクリップの色を変更しておきます。

② クリップを右クリックして❶、表示されたメニューから［ラベル］にマウスポインターを合わせます❷。利用できる色のサブメニューが表示されるので、ここでは［黄褐色］をクリックします❸。

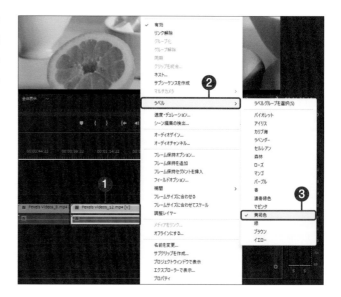

**③** 3つ目のクリップをキーボードの Ctrl ＋ Alt （ command ＋ option ）を押しながらドラッグします❶。このとき、トラックには三角マーク ▶ が表示されています。この状態で編集点でドロップします。

三角マークが表示される

**④** クリップをドロップすると、上書きやギャップが発生することなく、クリップが入れ替わります。

💡 「上書き」とは、現在のデータの上に別のデータを重ねることで、下になったデータが消えてしまうことです。消えるといっても喪失はせず、元に戻せるのですが、意図しない結果になることもあるので注意が必要です。

💡 「ギャップ」とは、クリップとクリップの間にできた空きのことです。ギャップが再生されると、真っ黒な画面として表示されてしまうので、必ず削除しましょう。

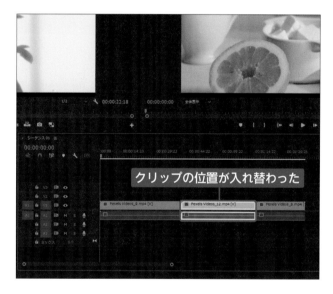

クリップの位置が入れ替わった

✏️ Ctrl （ command ）のみで
クリップを入れ替える

クリップの入れ替えは、右から左への移動で入れ換えるのなら、 Ctrl （ command ）だけを押しながらでも可能です。ただし、クリップを左から右へ移動して入れ換える場合、 Ctrl （ command ）だけを押しながらでは右図のようにギャップが発生してしまいます。

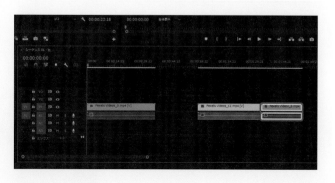

# ギャップを削除しよう

ギャップは、基本的には発生の都度削除する必要がありますが、最後にまとめて削除することも可能です。ここでは、ギャップの削除方法について解説します。

## ギャップを削除する

① ギャップが発生したら、すぐに削除する習慣を身に付けてください。再生すると真っ暗な画面が表示されてしまいます。もしギャップが発生したら、ギャップをマウスでクリックします❶。白色に変化し、選択状態になります。

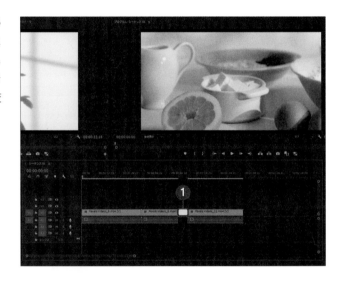

② キーボードの Delete を押すと、ギャップが削除されます。

💡 ギャップをマウスで右クリックすると、「リップル削除」という項目が表示されます。この項目をクリックしても、ギャップを削除できます。

# ギャップをまとめて削除する

**①** ギャップが複数発生してしまうこともよくあります。この場合、1つずつ選択して Delete で削除しても良いのですが、もっとかんたんにまとめて削除する方法があります。

ギャップが複数発生している

**②** メニューバーの［シーケンス］をクリックし❶、［ギャップを詰める］をクリックします❷。

**③** ギャップがまとめて削除されます。ただし、トラックの左端にギャップがある場合は削除されません❶。このギャップは手動で削除してください。

> 💡 ［ギャップを詰める］を実行する場合、シーケンスに配置したクリップは選択しないでください。選択していると、［ギャップを詰める］がきちんと機能しません。

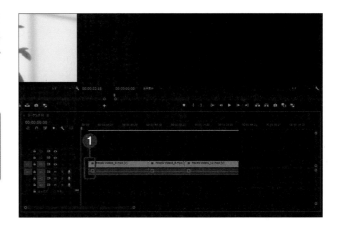

# クリップをトリミングしよう

トラックに配置したクリップの中から、必要な映像部分だけをピックアップする編集操作を「トリミング」といいます。ここではトリミングの基本、ドラッグによるトリミング方法を解説します。

## クリップをトリミングする

① 再生ヘッドをドラッグし、[プログラムモニター] パネルを見ながら必要な範囲とそうでない範囲を確認します。ここでは、クリップの始端から再生ヘッドのある位置までが不要だとします。

 再生ヘッドから下に伸びている青いラインは「編集ライン」と呼び、現在どのフレーム位置にあるかを示しています。対応するフレームのタイムコードは、シーケンスの左上に青数字で表示されています。また、対応するフレームが [プログラムモニター] パネルに表示されます。

### トリミングの目的

トリミングには、次の2つの目的があります。

❶ クリップの必要な箇所を残し、不要な箇所をカットする
❷ クリップやプロジェクトのデュレーション（再生時間）を調整する

トリミングによってフレームがカットされ、デュレーションも変わります。しかし、どちらを主な目的としてトリミングするかによって、カットする範囲や調整時間が変わります。

**②** マウスをクリップの始端に合わせると、マウスの形が赤い矢印 ■ に変わります。この状態でマウスを編集ラインまでドラッグします❶。

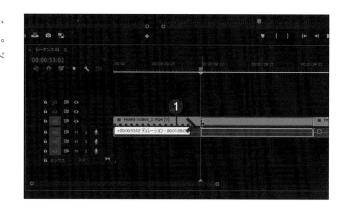

**③** マウスのボタンを離すと、始端からその位置までのクリップがトリミングされます。カットといっても切り取って削除したわけではなく、表示されなくなっているだけです。なお、この方法でトリミングするとギャップが発生するので、ギャップを削除してください。

💡 クリップをトリミング後、トリミングとは逆方向にマウスをドラッグすると、元の状態に戻せます。

## ✏️ トリミング前と後のクリップの違い

クリップをトリミングする前は、クリップの始端と終端に白い三角のマーク ◤、◥ が表示されています。トリミングを行うと、この三角のマークが非表示になります。このマークの有無によって、トリミング済みのクリップか、そうでないかを確認できます。

トリミング前

トリミング後（始端をトリミング）

# ギャップが発生しないように クリップをトリミングしよう

トリミングするたびに、発生したギャップを削除していると、作業に時間がかかってしまいます。
ここではギャップを発生させずにトリミングする方法について解説します。

## リップルツールでトリミングする

 ［ツール］パネルから、［リップルツール］
をクリックします❶。

💡 リップルツールが表示されていない場合
は、上から3個目のツールアイコンを長押しし、
サブメニューを表示して選択します。

 再生ヘッドをドラッグしてトリミング範
囲を確認し、マウスポインターをクリッ
プの始端や終端に合わせると、黄色い矢
印に変わります。そのままドラッグし
ます❶。

💡 リップルツールのマウスポインターの形
は、通常のトリミングのときと同じ矢印で、色
は黄色で表示されます。

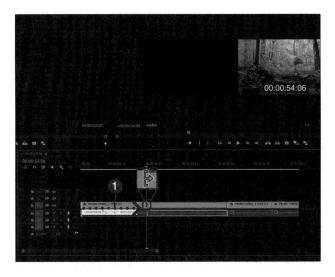

③ ギャップは発生せず、プロジェクトの右側が左にすべて移動します。トリミングを終えたら、キーボードの V を押して、[選択ツール] に戻します。

ギャップが発生しない

プロジェクトが左に移動する

💡 [プロジェクト] パネルは、編集で利用する素材を管理するためのパネルです。動画、写真、音楽など、利用するすべての素材を管理できます。

## ショートカットキーでトリミングする

① リップルツールを利用するたびに [ツール] パネルでボタンをクリックするのは面倒です。通常の [選択ツール] でトリミングするとき、赤い矢印 に変わったら、Ctrl（command）を押すと、[リップルツール] の黄色い矢印 に変わります。このままトリミングし、Ctrl（command）を離すと、[選択ツール] に戻ります。

✏️ B がデフォルトの
ショートカットキー

Ctrl（command）を併用したショートカットキーによるトリミング操作はかんたんですが、トリミング中は Ctrl（command）を押し続ける必要があります。もし [リップルツール] を長時間利用するのであれば、ショートカットキーとして B を押してください。これなら Ctrl（command）を押し続ける必要がありません。ただし、操作を終えたら V を押して [選択ツール] に戻る必要があります。

なお、ショートカットキーは、コマンドを選択する際、メニュー名の右の () の中に表示されています。[リップルツール] の場合は、B がショートカットキーです。

ショートカットキー

# クリップを分割しよう

クリップの始端と終端に必要な箇所があり、中央は不要というような場合は、クリップを分割して
トリミングすると効率的に行えます。

## レーザーツールで分割する

① 必要な範囲が始端部分と終端部分の場合、クリップを分割してトリミングします。この場合、まず分割したい位置に再生ヘッドを合わせ❶、編集ラインの示す分割位置を [プログラムモニター] パネルで確認します。

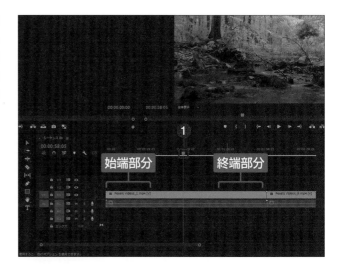

② [ツール] パネルから [レーザーツール] をクリックします❶。[レーザーツール] は、カミソリの形をしたアイコンです。

③ マウスポインターがカミソリの形に変わ
ります。編集ライン位置でクリックする
と、クリック位置でクリップが分割され
ます❶。分割したら、ツールボックス
の［選択ツール］▶をクリックして❷、
［選択ツール］に戻します。

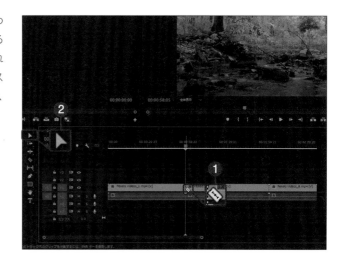

④ 分割されたポイントから、前のクリップ
は終端を、後のクリップは始端をトリミ
ングします❶❷。

💡 このとき、ショートカットキー（Ctrl（command）
かB）を利用すると、ギャップを発生せずにトリミ
ングできます。

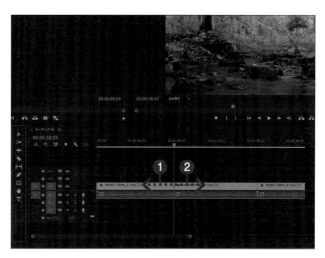

⑤ トリミングが完了すると、クリップの始
端と終端が残ります。ギャップが発生し
た場合は、ギャップをクリックして選択
し、Deleteを押して削除してください。

💡 レーザーツールのショートカットキーはC
です。Cで分割し、分割を終えたらVで選択ツー
ルに戻ってください。

クリップの始端と終端が残る

# クリップをコピー＆ペーストしよう

シーケンス上で同じクリップを利用したい場合、［プロジェクト］パネルから配置するほか、シーケ
ンスのトラック上でコピー＆ペーストする方法があります。

## マウス操作でコピー＆ペーストする

**1**　コピーしたいクリップの上で右クリック
し❶、［コピー］をクリックします❷。

💡 ショートカットキーでクリップをコピーす
る場合は、クリップを選択してから次のショー
トカットを実行します。
・ [Ctrl]（[command]）＋[C]

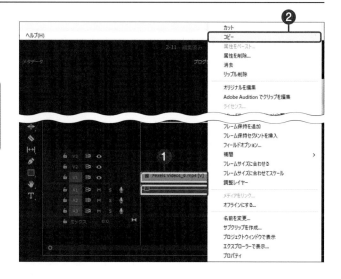

**2**　再生ヘッドをペーストしたい位置に合わ
せ❶、メニューバーの［編集］をクリッ
クし❷、［ペースト］をクリックします
❸。

💡 クリップのないトラック上では、右クリッ
クしても何も表示されません。また、クリップ
上で右クリックして表示されたメニューには通
常の［ペースト］はありません。なお、［属性の
ペースト］（118ページ参照）はクリップのペー
スト用メニューではありません。

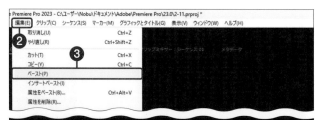

③ 再生カーソルのある位置にクリップが
ペーストされます。なお、画面のように
ギャップができたらクリックして選択
し、 Delete を押して削除します。

💡 ショートカットキーでクリップをペースト
する場合は、次のキーを利用します。
・ Ctrl （ command ）＋ V

クリップがペーストされた

## ショートカットキー＋ドラッグ操作でコピー＆ペーストする

① コピーしたいクリップを、 Alt （ option ）
を押しながらドラッグします❶。

② マウスのボタンを離してから、 Alt
（ option ）を離します。これで、クリップ
がコピー＆ペーストされます。

💡 スピーディーなコピー＆ペースト操作を行
いたい場合は、こちらの方法がおすすめです。

クリップがコピー＆ペーストされた

# ギャップが発生しないように
# クリップを削除しよう

シーケンスのトラックからクリップを削除する場合、ギャップが発生しないように削除します。
ギャップが発生してしまったら、ここで紹介する「リップル削除」で削除してください。

## `Shift`（`option`）を押しながらクリップを削除する

**1** 削除したいクリップをクリックして❶、
`Shift`（`option`）を押しながら`Delete`を押
します。

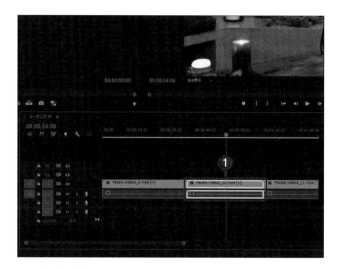

**2** 削除したクリップの空きが自動的に詰め
られ、ギャップを発生せずにクリップ削
除ができます。

ギャップを発生させずに
クリップを削除できた

# メニューバーからクリップを削除する

**①** 削除したいクリップをクリックします**❶**。

💡 削除したいクリップ上で右クリックしてメニューを表示し、[リップル削除] をクリックしても同様に削除できます。

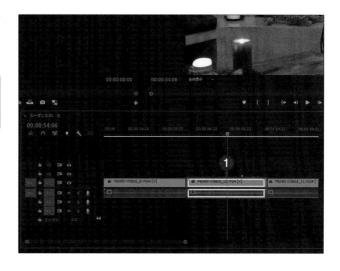

**②** メニューバーの [編集] をクリックし**❶**、[リップル削除] をクリックします**❷**。

💡 メニューバーのメニューには、コマンドの右側にショートカットキーが表示されています。

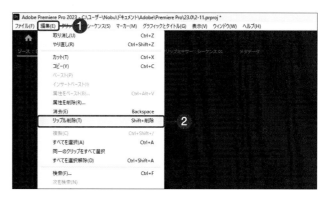

**③** 削除したクリップの空きが自動的に詰められ、ギャップを発生させずにクリップが削除できます。

ギャップを発生させずにクリップを削除できた

# ショートカットキーでトリミングしよう

トリミングの基本はドラッグですが、ショートカットキーを利用すると、とてもスピーディーな編集作業が可能です。ぜひトリミング用のショートカットキーを覚えて使いましょう。

## ショートカットキーでトリミングする

① トリミングを行いたいクリップを選び、どこまでをトリミングするか、トリミング範囲と位置を［プログラムモニター］パネルで確認し、再生ヘッドを配置します❶。ここでは、再生ヘッドより前を不要な範囲としています。

💡 ショートカットキーを利用するには、文字の入力モードを半角モードに設定しておく必要があります。漢字、ひらがなを入力する全角モードでは、ショートカットキーが利用できません。

② キーボードの Q を押すと、再生ヘッドより前の範囲のクリップがリップル削除されます。リップル削除なので、削除してもギャップが発生しません。

③ 再生ヘッドより後の範囲が不要な場合の操作を行います。同じように、再生ヘッドを合わせておきます❶。

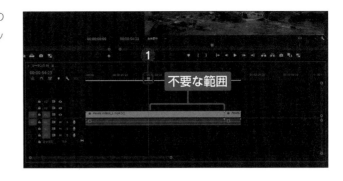

④ キーボードの W を押すと、再生ヘッドから青の範囲のクリップがリップル削除されます。ギャップは発生しません。

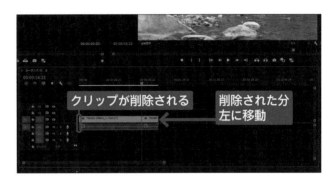

 ショートカットキーを登録する

ショートカットキーは、デフォルト（初期設定）で登録されているキーのほか、好みのキーにも登録することができます。Windowsの場合はメニューバーから［編集］→［キーボードショートカット］、Macの場合はメニューバーから［Premiere Pro］→［キーボードショートカット］をクリックし、表示されたウィンドウで登録を行います。

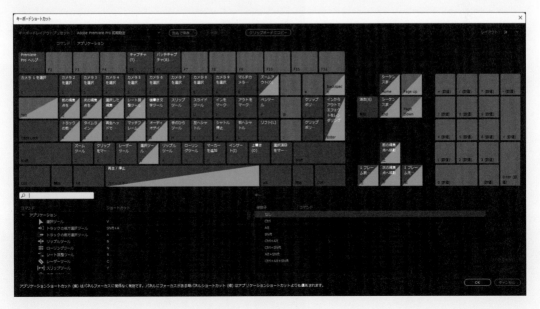

# ショートカットキーで
# クリップを再生しよう

シーケンス上でクリップを再生する、巻き戻すなどの操作は頻繁に行われるため、効率よい操作が
求められます。このとき、3つのキーによる操作がおすすめです。

## ショートカットキーで再生／停止／巻き戻しを行う

**①** [タイムライン] パネルか [プログラムモニター] パネルを選択し、文字入力モードが半角モードなのを確認して、キーボードの[L]を押すと [プログラムモニター] パネルでクリップの「再生」が実行されます。

💡 キーボードの[Space]を押しても、クリップの再生が実行されます。

💡 [L]を2回、3回と押すと、2倍、3倍と、どんどん再生速度を速くすることができます。

**②** 再生中に[K]を押すと、再生が「停止」されます。

💡 再生中にキーボードの[Space]を押しても、再生を停止できます。

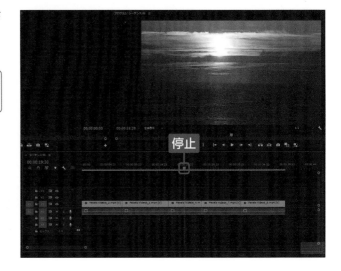

③ キーボードの[J]を押すと、クリップの「巻き戻し」が実行されます。

📖 [J]を2回、3回と押すと、2倍、3倍と、どんどん巻き戻し速度を速くすることができます。

📖 [環境設定]の[タイムライン]にある[スナップが有効の状態でタイムラインで再生ヘッドをスナップ]のチェックボックスをオンにすると、ドラッグして編集点に再生ヘッドが近づいたとき、ピタリと編集点に移動します。

## 1フレーム単位での再生、巻き戻し

[K]を押しながら[L]を押すと1フレーム単位での再生、[J]を押すと、1フレーム単位での巻き戻しができます。また、[Shift]を押しながら[J]や[L]を押すと、スローモーションでの巻き戻し、再生ができます。

## 再生ヘッドを編集点にジャンプさせる

再生ヘッドをクリップとクリップが接合する編集点にピタリと合わせるのは、なかなか難しい操作です。しかし、キーボードの[↑]、[↓]を押すと、編集点に再生ヘッドがジャンプします。

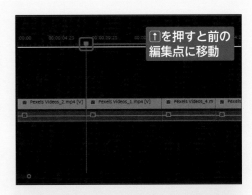

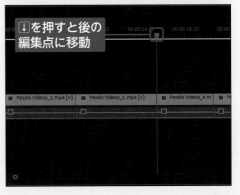

# ［ソースモニター］パネルから
# 範囲指定してクリップを配置しよう

クリップをモニターでトリミングしてからシーケンスに配置するという配置方法があります。
動画編集のプロも利用しているおすすめの方法です。

## ［ソースモニター］パネルでトリミングしてクリップを配置する

**①** ［プロジェクト］パネルで、利用したい
クリップをダブルクリックし❶、［ソー
スモニター］パネルに表示します。

［ソースモニター］パネルに表示された

**②** ［ソースモニター］パネルの再生ヘッド
をドラッグするか❶、コントローラー
の［再生］をクリックして❷、必要な映
像の先頭をモニターで確認します。

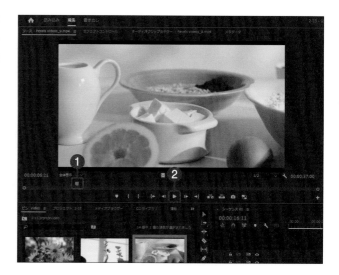

③ 先頭を見つけたら、コントローラーにある[インをマーク] ■ をクリックします❶。これで、タイムラインルーラーに「イン点」が設定されます。

「イン点」が設定された

④ イン点と同じ方法で必要な範囲の終点を見つけ、[アウトをマーク] ■ をクリックします❶。これで、「アウト点」が設定されます。

💡 イン点、アウト点を解除する場合は、タイムラインルーラー上を右クリックし、[インを消去][アウトを消去][インとアウトを消去]のいずれかをクリックしてください。

「アウト点」が設定された

⑤ モニター画面をシーケンスにドラッグ＆ドロップします❶。

💡 再生ヘッドをプロジェクトの一番最後に合わせてあれば、[インサート]や[上書き]をクリックしても配置できます。

⑥ クリップがトリミングされた状態でトラックに配置されます。

💡 すでに配置してあるクリップとクリップの間に挿入したい場合は、コントローラーの[インサート]をクリックしてください。

トリミングされた状態で配置された

# 写真素材を読み込もう

動画と写真データを混在させたい場合は、プロジェクトに写真素材を取り込んでおく必要があります。
ここでは、［読み込み］画面から写真素材の読み込む方法を解説します。

## ［読み込み］画面から写真を読み込む

① ［読み込み］をクリックして［読み込み］画面に切り替え❶、写真データが保存されているフォルダーをダブルクリックして開きます❷。写真が表示されたら、写真をクリックして選択します❸。

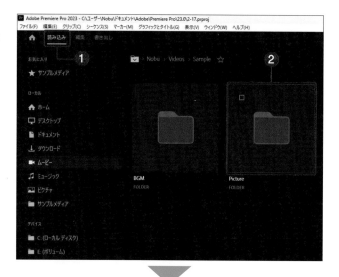

②　[設定を読み込み]で新規ビンを設定します。新規ビンのボタンを有効にし❶、設定項目をクリックして表示し❷、ビン名を入力します❸。なお、[シーケンスを新規作成する]はオフにしておきます❹。設定できたら、[読み込み]をクリックします❺。

③　[プロジェクト]パネルにビンが作成されます。ダブルクリックすると❶、その中に写真が読み込まれています❷。

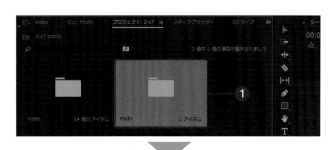

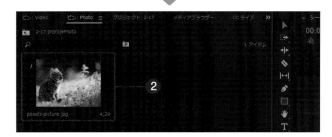

## [プロジェクト]パネルで読み込む

[プロジェクト]パネル上で素材を読み込むときは、[プロジェクト]パネルの何もない箇所をダブルクリックし、[読み込み]ウィンドウを表示します。[読み込み]ウィンドウで写真を選択し❶、[開く](Macでは[読み込み])をクリックしてください❷。

# 写真をクリップとして利用しよう

写真のフレームサイズと動画のフレームサイズは、基本的に異なります。そのため、動画の中に
写真データを組み入れて利用する場合は、写真のサイズを調整する必要があります。

**BEFORE** 写真のフレームサイズが大きい    **AFTER**    動画のフレームに合わせる

## 写真をシーケンスに配置する

（1）[プロジェクト] パネルに取り込んだ写
真は、音声データのない5秒の動画とし
て登録されています。これを動画と同じ
ように、ドラッグ＆ドロップなどでシー
ケンスに配置し、再生ヘッドを合わせま
す❶。なお、クリップは [ラベンダー]
というカラーが設定されています。

💡 写真データのデュレーション（再生時間）
は [4;29] と表示されていますが、これで5秒の
デュレーションになります。

② 写真データの場合、動画データとフレームサイズが異なるため、[プログラムモニター]パネルにはきちんと表示されません。そのため、写真データのサイズを調整する必要があります。

💡 動画データのフレームサイズより写真のフレームサイズの方が大きいのが一般的です。なお、写真フレームのサイズは、撮影するカメラによって異なります。

写真データ全体

[プログラムモニター]
パネルに表示されている
写真データ

③ シーケンスに配置した写真データをダブルクリックします❶。

④ [ソースモニター] パネルの [エフェクト
コントロール] タブをクリックし❶、[設
定] パネルを表示します。

⑤ [モーション] → [スケール] にあるパラ
メーター値を確認します❶。デフォル
トでは [100] です。

## 写真サイズのその他の変更方法

手順⑤で数値にマウスポインターを合わせると、マウス
ポインターが手の指の左右に矢印がある形に変わります。
その状態でマウスをドラッグすると、数値を変更できま
す。この操作をスクラブといいます。
なお、フレームサイズより素材のサイズが大きい場合は、
[プログラムモニター] パネル内で画像をドラッグして移
動し❶、白丸を表示させてから操作します。この場合、
サイズ変更後、画像表示位置を再調整してください❷。

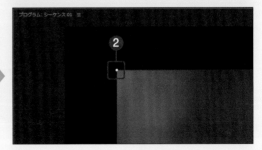

**6** ［スケール］の先頭にある▶をクリック
すると❶、スライダーが表示されます。
このスライダーの◎を左右にドラッグす
ることで❷、［プログラムモニター］パ
ネルでの表示サイズを調整できます。

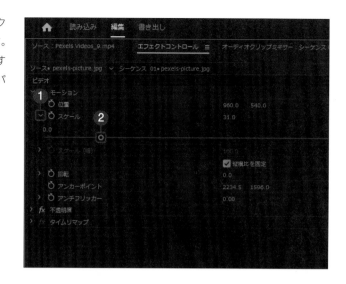

**7** 写真データの上下に黒い帯が表示されな
いように、スケールの値を調整します。

 写真データに動きを設定する

シーケンスに配置した写真データには、動きがありません。そこで、84ページの「写真に動きを付けよう」では、写真をア
ニメーションさせる方法を解説しています。
「フォトアルバム」という言葉を聞いたことがあるかと思いますが、フォトアルバムでは、84ページのアニメーションを設
定する方法で作成します。これによって、動きのない写真に動きを設定し、写真を切り替えて表示する動画「フォトアルバ
ム」が作成できます。

# 写真をトリミングして利用しよう

[スケール] を調整すると、写真データをトリミングして利用できます。この方法は写真だけでなく、
動画データでも使用できます。

BEFORE　トリミング前　　AFTER　トリミング後

## 写真をトリミングする

① トリミングして利用したい写真をシーケ
ンスに配置します。配置したら、クリッ
クして選択しておきます❶。

**②** [エフェクトコントロール]タブをクリックして[設定]パネルを表示し**①**、[位置]の値を変更します。数値が2つ並んでいるので、左側のX軸方向のパラメーター値をスクラブなどで、左右の表示位置を変更します**②**。このとき、[プログラムモニター]パネルで表示位置を確認します。

**③** X軸と同様に、今度はY軸方向のパラメーター値を変更し**①**、縦方向の表示位置を調整します。

**④** 必要に応じて、[スケール]でサイズを調整します**①**。

💡 スケール調整を行うと、黒い帯が表示される場合があります。そのときは、再度位置を調整してください。

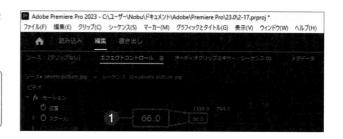

✏️ 座標について

座標はフレーム（写真）の中心の位置を表しており、横がX軸、縦がY軸と呼ばれています。この軸を利用して、フレームの位置を指定できます。たとえば、フレームのサイズが1920×1080の場合、フレームの中心の座標は、「X軸：960.0 Y軸：540.0」が初期値になります。手順②〜③で数値を指定したことにより、フレームの中心の座標は「X軸：1849.0 Y軸：1056.0」となりました。

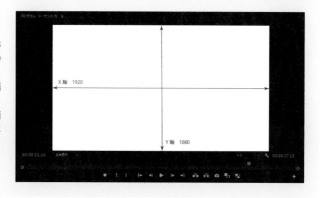

# 写真に動きを付けよう

写真データは、動きのない動画データといえます。そこで、ここでは写真データにアニメーション
を設定し、拡大された写真がズームアウトするような動きを設定してみましょう。

| BEFORE | アニメーション開始 | | AFTER | アニメーション終了 |

 **アニメーション設定のための5つのポイント**

Premiere Proでアニメーションを作成する場合、次の5つのポイントを押さえると、アニメーションを確実に作成することができます。

❶アニメーション開始の時間を決める
❷アニメーション開始の位置、状態を決める
❸アニメーション機能をオンにする
❹アニメーション終了の時間を決める
❺アニメーション終了の位置、状態を決める

なお、「開始」と「終了」は、どちらが先でもかまいません。終了の❹❺を先に設定し、❸のアニメーションをオンにした後から❶❷を設定してもOKです。

 **アニメーション作成で大切なこと**

アニメーション作成では、アニメーションの作成方法を覚えることも重要ですが、作成前に「どのように動かしたいのか」をきちんとイメージすることが大切です。そして、イメージ通りに動かすには何をどう設定すればよいのかを考えます。

# 写真にアニメーションを設定する

**①** アニメーションを設定する写真をシーケンスに配置し、このクリップをクリックして選択します**❶**。[ソースモニター]パネルの[エフェクトコントロール]タブをクリックして**❷**、[設定]パネルを表示します。

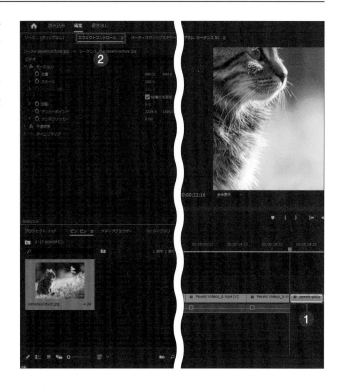

**②** アニメーション開始の時間を決めます。[エフェクトコントロール]パネルの[設定]パネルと、その右にあるタイムラインの境界をドラッグして広げます。タイムラインルーラーをクリックして再生ヘッドを表示し**❶**、再生ヘッドを左端に合わせます**❷**。ここがアニメーションを開始する時間になります。

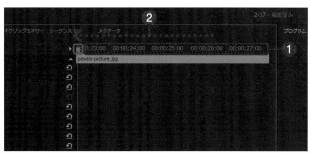

**③** アニメーション開始の位置と状態を決めます。[エフェクトコントロール]パネルの[位置]と[スケール]を調整します**❶❷**。ここでは、被写体の猫をアップに設定しています。これが、アニメーション開始の位置と状態になります。

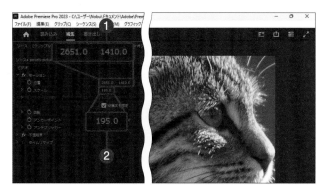

アニメーション機能をオンにします。こ
こでは、オプションの[位置]と[スケール]
をアニメーションさせるため、それぞれ
のオプション名の先頭にあるストップ
ウォッチ型のアイコン  をクリックして、
青色表示にします❶。このとき、タイム
ラインにはキーフレーム  が設定されま
す❷。

> 「キーフレーム」は、「キーとなるフレーム」
という意味を持っており、ここでは、フレーム
にアニメーションを開始するという意味の命令
を埋め込んだことを示しています。

 アニメーション終了の時間を決めます。
再生ヘッドをドラッグして❶、アニメー
ションを終了する時間を決めます。

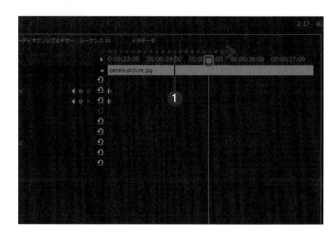

## 再生ヘッドの連動

[エフェクトコントロール]パネルの再生ヘッドは、シーケンスの再生ヘッドと連動しています。[エフェクトコントロール]
パネルの再生ヘッドをドラッグすると、シーケンスの再生ヘッドも移動します。

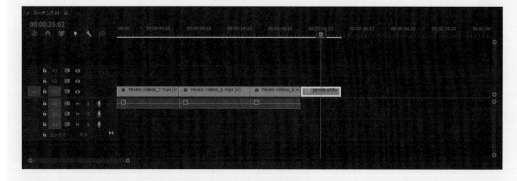

**6** アニメーション終了の位置と状態を決めます。[エフェクトコントロール] パネルのオプション [位置] と [スケール] のパラメーターを調整し**①**、[プログラムモニター] パネルで表示状態を確認します。このとき、タイムラインにはアニメーションを終了するキーフレームが自動的に設定されます**②**。

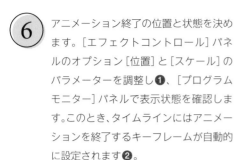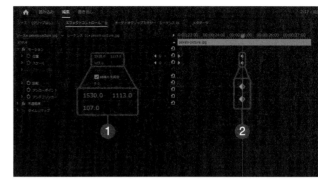

**7** 再生ヘッドを左端に戻し、[プログラムモニター] パネルのコントローラーで [再生] をクリックして**①**、クリップに設定したアニメーションを確認します。すると、以下のようにアニメーション表示されます。

# スマートフォンの縦位置動画を利用しよう

［エフェクトコントロール］パネルで［モーション］にあるオプションの［スケール］を利用すると、
スマートフォンで撮影した縦位置の動画の一部分を横位置動画として利用できます。

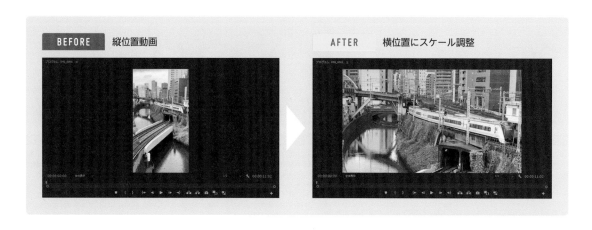

BEFORE　縦位置動画　　　　　　　　AFTER　　横位置にスケール調整

## 縦位置動画のスケールを調整する

① スマートフォンなどで縦位置で撮影した動画データを取り込みます。取り込み方法は、通常の動画データと同じです。これを、たとえば［tate］などの名称でビンを作成しておき❶、そこに読み込みます。

② 読み込んだ縦位置の素材を［タイムライン］パネルにドラッグ＆ドロップし❶、シーケンスを作成します。作成したシーケンスは［タイムライン］パネルに表示され、［プロジェクト］パネルにも登録されます。

③ 作成したシーケンスは縦位置動画に合わせて設定されているため、横位置に変更します。メニューバーの［シーケンス］をクリックし、［シーケンス設定］をクリックして設定パネルを表示します。ここで、［ビデオ］の［フレームサイズ］を［1920 横］、［1080 縦］に変更し❶❷、［OK］をクリックします❸。［このシーケンスのすべてのプレビューを削除］ダイアログボックスが表示されるので、［OK］をクリックします❹。

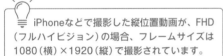
iPhoneなどで撮影した縦位置動画が、FHD（フルハイビジョン）の場合、フレームサイズは1080（横）×1920（縦）で撮影されています。

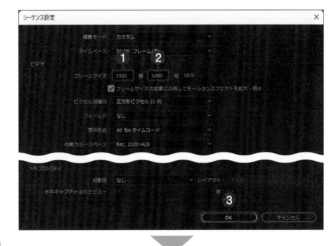

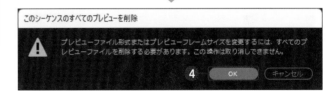

④ シーケンスのクリップを選択し、［ソースモニター］パネルの［エフェクトコントロール］タブをクリックして［エフェクトコントロール］パネルを表示します。Section 19〜20を参考に［スケール］を調整し❶、同時に［位置］で表示位置も調整します❷。

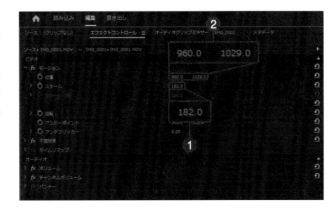

# 4Kの動画データを編集しよう

4Kの動画データを扱うケースも増えています。ノートパソコンなど非力なPCで編集を行う場合は、
「プロキシファイル」の利用がおすすめです。

## プロキシファイルを利用する

① 4Kの動画データを、他の動画ファイル
と同じ方法で読み込みます（32ページ参
照）。

② ［プロジェクト］パネルからファイルを
［タイムライン］パネルにドラッグ＆ド
ロップしてシーケンスを作成します。

💡 4Kデータを読み込む際に［読み込み］画面
で［シーケンスを新規作成する］を有効にした場
合は、ここでの操作は不要です。

シーケンスが
作成された

③ ［プログラムモニター］パネルの下部に
コントローラーがあり、この一番右端に
ある［プロキシの切り替え］■をクリッ
クして有効化すると❶、青色で表示さ
れます。

💡 プロキシファイルは、編集作業用の一時的
な作業ファイルです。4Kファイルのフレームサ
イズは3840×2160ですが、このファイルから
1920×1080という、フルハイビジョンサイズ
の動画ファイルを作成します。これが「プロキ
シファイル」です。このファイルで編集作業を
行い、出力するときには元データの4Kファイル
から出力するため、画質の劣化等はありません。

## ✏️ プロキシファイルを手動で作成する

4K動画ファイルをプロジェクトに読み込み、フルハイビジョン
サイズの動画などと併用する場合、この4Kファイルに対応した
プロキシファイルを手動で作成することができます。［プロジェ
クト］パネルに読み込んだ動画ファイルのサムネイルを右クリッ
クし❶、コンテキストメニューから［プロキシ］→［プロキシを
作成］をクリックします❷。［プロキシを作成］ダイアログボッ
クスが表示されるので、形式は［H.264］❸、プリセットでは画
質（［High］など）を選択して❹、［OK］をクリックします❺。
Media Encoderという動画ファイル作成アプリケーションが起動
してプロジェクトファイルが作成されます。なお、プロキシファ
イルが作成されると、［プロジェクト］パネルとシーケンスのク
リップには、プロキシ有効のマークが表示されます。

プロキシ有効の
マークが表示された

## プロキシファイルをデフォルトで
## 有効にしておく

プロキシファイルの有効、無効を [プログラムモニター] パネルでオン／オフしながら利用するのではなく、最初からプロキシファイルの作成を有効にしておくことも可能です。その場合は、メニューバーから [ファイル] → [プロジェクト設定] → [インジェスト設定] をクリックします❶。[プロジェクト設定] パネルが表示されるので、[インジェスト設定] タブをクリックし❷、[インジェスト] のチェックボックスをオンにします❸。さらに、作成方法を [コピー] に設定して❹、[OK] をクリックしてください❺。

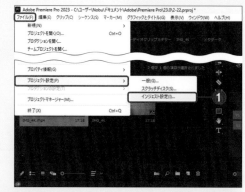

## プロキシファイルを動画データとして利用する

プロキシファイルは、フルハイビジョン (1920×1080) の解像度の動画データと同じファイル形式です。そのため、作成されたプロキシファイルは、フルハイビジョンの動画データとしても利用可能です。YouTubeやFacebookなどで利用するならば、プロキシファイルでも充分です。なお、プロキシファイルは、ファイル名の末尾に「Proxy」と表示されています。

IMG_4K_Proxy.mp4

4Kデータから作成されたプロキシファイル

# Chapter

# 3

# トランジションや
# エフェクトで
# クリップを演出しよう

カット編集を終えたプロジェクトは、トランジションやエフェクトと呼ばれる効果を設定することで、イメージをよりはっきりと伝えられるようにブラッシュアップできます。オリジナリティをグッとアップするためにも、こうした演出効果を覚えましょう。

# トランジションとエフェクトで動画を効果的に演出しよう

## ①トランジションを設定する

「トランジション」は、1つのクリップの再生が終わり、次のクリップが再生されるときに追加する特殊な効果です。トランジションを追加すると、唐突に映像が切り替わらず、スムーズに切り替えができます。有用な効果ですが、使い過ぎには注意しましょう。

📖 トランジションは場面転換で利用する

## ②トランジションでプロジェクトを演出する

トランジションをプロジェクトの先頭、あるいは最後に設定すると、「フェードイン」や「フェードアウト」といった動画全体を演出する効果として利用できます。ここでは、「フェードイン」や「フェードアウト」の設定方法をマスターしましょう。

📖 映像が徐々に消えるフェードアウトを演出

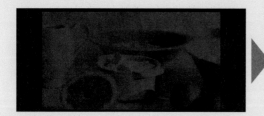

## ③エフェクトを設定する

映像全体に設定する効果が「ビデオエフェクト」です。ここでは、[モノクロ]と[レンズフレアー]という2種類のビデオエフェクトを例に、エフェクトの使い方について解説します。

🔖 ビデオエフェクトを適用する

## ④エフェクトを複数設定する

エフェクトは、1つのクリップに複数設定でき、設定する順序によって効果が変わります。ここでは、エフェクトの特徴と利用するときのポイントについて解説します。

🔖 エフェクトを映像に適用する

## ⑤調整レイヤーを利用する

エフェクトは、基本的には素材クリップに対して設定します。調整レイヤーを利用すると、素材クリップには何の変更も加えず、エフェクトをクリップに適用できます。

🔖 調整レイヤーを用いてエフェクトを適用する

# クリップの切り替えに
# トランジションを設定しよう

クリップとクリップが切り替わるタイミングを「場面転換」などといいます。
唐突に切り替わる場面転換をスムーズに切り替わるように演出する効果が、「トランジション」です。

**BEFORE**　トランジション設定前

**AFTER**　トランジション設定後

編集点にトランジション（ページピール）を設定

## トランジションを設定する

① トランジションは、トリミングによって
見えなくなっている部分（これを「予備
のフレーム」と呼びます）のフレームを
利用し、合成して効果を生成しています。
そのため、トランジションを設定する前
に、前後のクリップをトリミングしてお
く必要があります。右の画面で、2つ目
のクリップの始端をトリミングします。

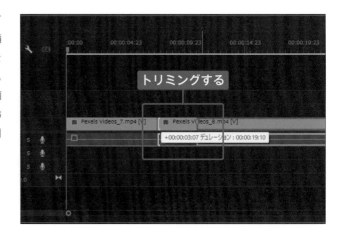

**②** ［プロジェクト］パネルの［エフェクト］タブをクリックして［エフェクト］パネルを表示し**①**、カテゴリーの［ビデオトランジション］→［ページピール］→［ページピール］を表示してクリックします**②**。

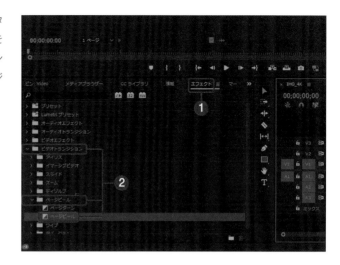

**③** 選択したトランジションを、シーケンスのクリップとクリップが接合している編集点にドラッグ＆ドロップします**①**。このとき、トランジションは双方のクリップをまたぐように配置します。

💡 トリミングしていないクリップにトランジションを設定した場合の挙動は、98ページで解説します。

**④** 編集点にドロップしたトランジションが、クリップに配置されます。配置されたトランジションには、トランジション名が表示されています。

💡 クリップとクリップの編集点に、トランジションが配置されました。

## 一方のクリップがトリミングされていない場合

 ここでは、前のクリップはトリミングされていますが、後のクリップは始端部分がトリミングしていません。

② クリップとクリップが接合する編集点にトランジションをドラッグ＆ドロップしても、またいで配置できません。

③ トランジションをドロップすると、トランジションはトリミングしていないクリップ側（後のクリップ側）に配置されました。

💡 トリミングされていないクリップには予備のフレームがないため、前のクリップの予備のフレームを利用し、後のクリップと合成されています。

# 双方のクリップがトリミングされていない場合

 双方がトリミングされていないクリップ の編集点にトランジションをドラッグ& ドロップすると、斜線付きで双方のク リップをまたぐように配置されます。

 トランジションをドロップすると、確認 用のダイアログボックスが表示されま す。[OK] をクリックします❶。

ダイアログボックスには「不足分は端のフ レームを繰り返して対応します。」と表示されま す。これは双方のクリップがトリミングされて いないため、前のクリップの終端フレーム1枚、 後のクリップの始端フレーム1枚を繰り返しコ ピーして、予備フレームを作るという内容です。

 トランジションが双方のクリップをまた いだ形で配置されました。

設定したトランジションには、トリミング していない編集点にトランジションを設定した ことを示すため、斜線が表示されます。

フレームをコピーした「予備フレーム」部 分には動きがないため、一瞬止まったように感 じます。トリミングを行ってからトランジショ ンを設定すれば、この現象を防げます。

---

 **トランジションの使い過ぎに注意**

トランジションは、効果が大きいエフェクトのため、使い過ぎるとかえって見づらい動画になりがちです。次のような、 TPOを踏まえたポイントで利用しましょう。

・前のクリップと後のクリップで時間が異なる
・前のクリップと後のクリップで場所が異なる

# プロジェクトをフェードイン／
# フェードアウトしよう

トランジションは場面転換のシーン以外にも利用できます。
プロジェクトの始端や終端に設定すると、フェードイン、フェードアウトを演出することが可能です。

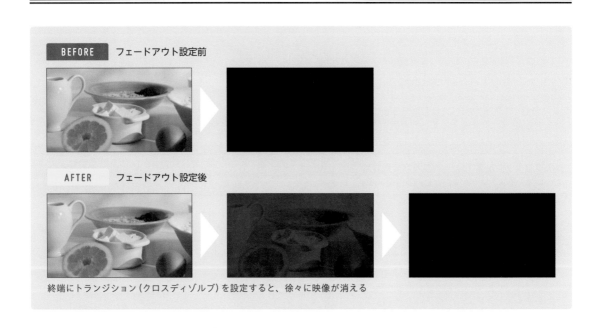

BEFORE　フェードアウト設定前

AFTER　フェードアウト設定後

終端にトランジション（クロスディゾルブ）を設定すると、徐々に映像が消える

## プロジェクトの最後にクロスディゾルブでフェードアウトを設定する

**1**　［プロジェクト］パネルの［エフェクト］タブをクリックして［エフェクト］パネルを表示し❶、カテゴリーの［ビデオトランジション］→［ディゾルブ］→［クロスディゾルブ］を表示してクリックします❷。

② 選択したトランジションを、シーケンス
に配置されているクリップの一番最後に
ドラッグ＆ドロップで配置します❶。

🔅 クリップの終端は、必ずしもトリミングし
ておく必要はありません。

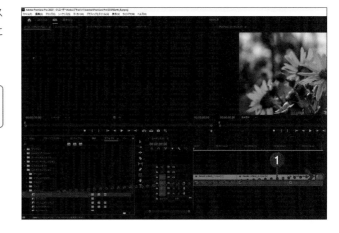

③ クリップの一番最後にトランジションが
配置されました。

🔅 クリップを配置したトラックの始端クリッ
プに、トランジションのクロスディゾルブを配
置すると、黒い背景から映像が徐々に表示され
る「フェードイン」が設定できます。

トランジションが配置された

✏️ 「フェードイン」と「フェードアウト」を利用する

「フェードイン」は、映像が徐々に表示される効果、「フェードアウト」は、映像が徐々に消えていく効果のことです。プロジェクトの始端にはフェードイン、終端にはフェードアウトを設定することで、ムービーの開始と終了を表す演出ができます。

# トランジションを変更／削除しよう

ここでは、すでに設定しているトランジションを別のトランジションに変更したり、
設定しているトランジションを削除する方法について解説します。

## トランジションを別のトランジションに変更する

(1) クリップとクリップの編集点にトランジションが設定されていることを確認します❶。ここでは、「ページピール」が設定されています。

(2) 新しいトランジション（ここでは［アイリス（クロス）]）を、すでに設定されているトランジションの上にドラッグ＆ドロップします❶。

③ ドラッグ＆ドロップした新しいトランジション（ここでは［アイリス（クロス）］）に切り替わりました。

新しいトランジションに切り替わった

## トランジションを削除する

① 削除したいトランジションをクリックして、選択状態にします❶。

トランジションをクリックして選択すると、明るいグレーに変わります。

② キーボードの Delete を押すと、設定しているトランジションが削除されます。

削除したいトランジション上で右クリックし、表示されたコンテクストメニューから［消去］を選択してもトランジションを削除できます。

トランジションが削除された

# トランジションをカスタマイズしよう

トランジションを設定したけど、効果がよくわからないという場合は、
トランジションをカスタマイズして、より目立つように変更してみましょう。

| BEFORE トランジションのカスタマイズ前 | AFTER トランジションのカスタマイズ後 |
|---|---|

## トランジションをカスタマイズする

① シーケンスのクリップに設定したトラン
ジションのうち、カスタマイズしたい
トランジションをクリックして、選択状態
にします❶。このときPremiere Proで
は、トランジションの左にあるクリップ
を [A]、右にあるクリップを [B] と判断
しています。

💡 トランジションによって、この後の [エフェ
クトコントロール] パネルの表示内容は異なり
ます。ここでは、[アイリス (クロス)] で解説し
ます。

② ［ソースモニター］パネルの［エフェクト
コントロール］タブをクリックして❶、
［実際のソース表示］のチェックボック
スをオンにすると❷、［A］には設定した
トランジションの左にあるクリップの終
端フレーム映像、［B］にはクリップの始
端フレーム映像が表示されます。

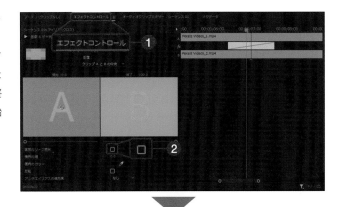

③ オプションの［境界の幅］の数値をスク
ラブ操作などで大きく変更し❶、さら
に［境界のカラー］のカラーボックスを
クリックして❷、カラーピッカーを表
示します。カラーピッカーで色を選択し
たら、［OK］をクリックします。

## ✏ カラーピッカーでの色選択の方法

カラーピッカーでは、［レインボー（色相）］で色
を選択し❶、［明るさ］で色の明るさを選択しま
す❷。設定前❸と設定後❹の色を確認したら、
［OK］をクリックします❺。

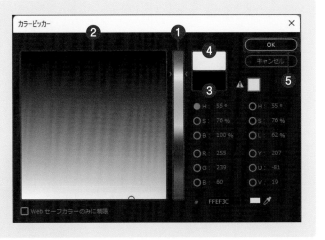

# クリップをモノクロに変更しよう

カラーの動画をモノクロに変更するという演出効果が必要な場合は、
「ビデオエフェクト」を利用すると、エフェクトを適用するだけでモノクロ映像に変更できます。

**BEFORE** エフェクト適用前      **AFTER** エフェクト適用後

## ビデオエフェクトを適用する

**1** ［プロジェクト］パネルの［エフェクト］タブをクリックし❶、［ビデオエフェクト］→［イメージコントロール］→［モノクロ］を表示してクリックします❷。

**②** 選択したエフェクトを、エフェクトを設定したいクリップにドラッグ＆ドロップすると**❶**、エフェクトが設定されます。

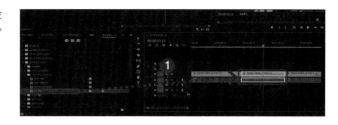

## 検索ボックスを利用する

虫めがねのアイコン🔍のあるテキストボックスを検索ボックスといいます。検索ボックスにエフェクト名などを入力すると、エフェクトを検索できます。先頭の3文字くらいの入力から検索できるため、名前があいまいでも探せる場合があります。

## エフェクト名を
## ダブルクリックして適用する

シーケンスでエフェクトを設定したいクリップを選択し、選択状態にします。このとき、クリップは白い枠で囲まれます**❶**。次に、［エフェクト］パネルで見つけた利用したいエフェクト名をダブルクリックすると**❷**、エフェクトが選択したクリップに適用されます。

エフェクトが
適用された

## バッジ

シーケンスに配置したクリップには、ファイル名の位置の先頭にfxと書かれたアイコンがあります。これをバッジと呼びます。エフェクト設定前はグレーですが、エフェクトを設定すると色が紫や黄色、緑などに変わります。なお、色はエフェクトによって異なります。

# クリップに複数のエフェクトを設定しよう

エフェクトは、1つのクリップに複数設定できます。ここでは、モノクロを設定したクリップに、
「レンズフレア」というエフェクトを追加してみましょう。

BEFORE　エフェクト設定前　　　　　　　　AFTER　　エフェクト設定後

## エフェクトを追加する

① ［タイムライン］パネルでエフェクトを
設定しているクリップ（ここではモノク
ロを設定したクリップ）をクリックしま
す①。

② ［プロジェクト］パネルの［エフェクト］
タブをクリックして［エフェクト］パネ
ルを表示し❶、カテゴリーの［ビデオエ
フェクト］→［描画］→［レンズフレア］
を表示してクリックします❷。

💡 検索ボックスに「レンズフレア」と入力す
ると、すぐにエフェクトを探せます。「レンズ」
と3文字程度の入力でも表示されます。

③ 選択したクリップにエフェクトをドラッ
グ＆ドロップします❶。すでにエフェ
クトを設定しているクリップに対して、
新たなエフェクトが追加されます。

新しいエフェクトが
追加された

## オプションを調整する

① ［ソースモニター］パネルの［エフェクト
コントロール］タブをクリックして❶、
エフェクトを設定したクリップを選択
し、［エフェクトコントロール］パネル
を表示します。［エフェクトコントロー
ル］パネルには、事前に設定した「モノ
クロ」と、新たに設定した「レンズフレア」
が確認できます。

設定したエフェクトが
表示される

エフェクトの［レンズフレア］のオプションに［光源の位置］があり、右側には座標が表示されています。左がX座標、右がY座標です。座標の数値を変更すると❶、光源の位置を変更できます。

### 変更前のエフェクト

### 変更後のエフェクト

光源の位置が変更された

### 変更前のオプションパラメーター

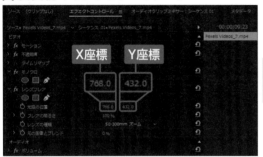

X座標　Y座標
768.0　432.0

### 変更後のオプションパラメーター

495.5　517.1

## マウスでドラッグして移動する

［エフェクトコントロール］パネルでエフェクト名の［レンズブレア］をクリックして選択すると、［プログラムモニター］パネルに光源のマークが表示されます。このマークをマウスでドラッグすると、位置を自由に変更できます。

## エフェクト効果をオン／オフにする

① ［エフェクトコントロール］パネルのエフェクト名の先頭に、［fx］というアイコンがあります。このアイコンをクリックすると、効果のオン／オフを切り替えることができます。ここでは［モノクロ］が有効になっています。

② ［fx］をクリックすると❶、［fx］に斜線が表示されます。これでエフェクトがオフの状態になります。［プログラムモニター］パネルにも、エフェクトがない状態で表示されます。もう一度［fx］をクリックすると、オンの状態に戻ります。

# エフェクトの適用順を変更しよう

エフェクトコントロールパネルでエフェクトの適用順を変更すると、
エフェクトの効果も変更されます。複数のエフェクトを設定する場合は、順番も注意してください。

BEFORE　光源のエフェクトが
カラーで表示されている

AFTER　光源のエフェクトも
モノクロで表示された

## エフェクトの適用順を変更する

① 複数のエフェクトを設定したクリップを
選択し［ソースモニター］パネルの［エ
フェクトコントロール］タブをクリック
して❶、［エフェクトコントロール］パ
ネルを表示します。ここに、適用したエ
フェクト名が表示されています。ここで
は、［モノクロ］と［レンズフレア］が確
認できますが、モノクロが上、レンズフ
レアが下の順に配置されています。

💡 ［モノクロ］と［レンズフレア］以外のエフェクト
もありますが、これらは［デフォルトエフェク
ト］といいます。詳しくは121ページを参照
してください。

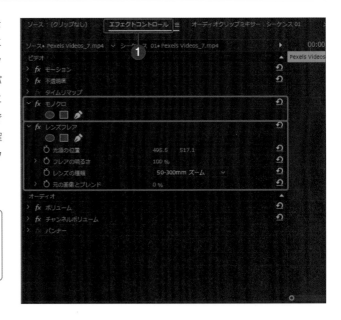

**2** [プログラムモニター] パネルでは、モノクロが下で、その上にレンズフレアがあります。このように、[エフェクトコントロール] パネルと [プログラムモニター] パネルとでは、表示される順番が逆になります。

**3** [エフェクトコントロール] パネルで、[レンズフレア] のエフェクト名を [モノクロ] よりも上にドラッグして❶、順番を入れ換えます。

💡 エフェクト名をドラッグすると青色のラインが表示されるため、移動位置を確認できます。

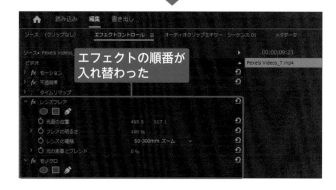

エフェクトの順番が入れ替わった

**4** [プログラムモニター] パネルで、順番が入れ替わったことを確認します。このように、複数のエフェクトを設定した場合、効果が変わる点に注意して利用します。

[レンズフレア] のエフェクトにも [モノクロ] が適用された

# クリップの手ぶれを補正しよう

ビデオエフェクトの中には、動画の手ぶれを補正する「ワープスタビライザー」というエフェクトが
あります。このエフェクトを利用して手ぶれ補正を修正してみましょう。

## ［ワープスタビライザー］を適用する

**1** シーケンスに手ぶれを補正したいクリッ
プを配置するか、配置しているクリップ
から、補正したいクリップを選択します
❶。

**2** ［エフェクト］タブをクリックして［エ
フェクト］パネルを表示し❶、カテゴ
リーの［ビデオエフェクト］→［ディス
トーション］→［ワープスタビライザー］
をクリックして❷、補正したいクリッ
プに適用します。

> 💡 エフェクトを適用するには、利用したいエ
> フェクトをシーケンスのクリップ上にドラッグ
> ＆ドロップするか、シーケンスのクリップを選
> 択し、利用したいエフェクト名をダブルクリッ
> クします。

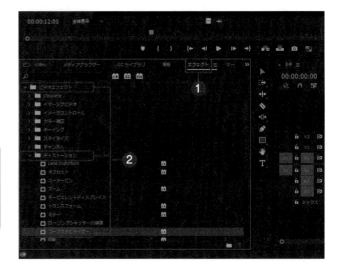

③ スタビライザーを適用すると、クリップ
の分析が開始され、分析中のメッセージ
「バックグラウンドで分析中」が表示さ
れます❶。分析が終了すると、補正適
用中のメッセージ「スタビライズしてい
ます」が表示されます❷。

💡 クリップのサイズによっては、時間がかか
る場合もあります。なお、分析中にほかの編集
作業を行うことも可能です。

④ 補正結果をプレビューし、補正効果を微
調整します。修正は［ソースモニター］
パネルグループにある［エフェクトコン
トロール］パネルで行います。たとえば、
補正しても動きがある場合は、［結果］
を［滑らかなモーション］から［モーショ
ンなし］に変更するか❶、［補間方法］を
変更します❷。

💡 撮影時にカメラを左右に意図的に振る「パ
ン」という操作を併用している場合があります。
そのときには、映像は左右に動くので、手ぶれ
と間違えないように注意してください。

# 調整レイヤーを利用しよう

エフェクトは、基本的にはクリップに直接適用しますが、「調整レイヤー」を利用すると、
エフェクトをクリップに直接設定しなくても利用できます。

## 調整レイヤーにエフェクトを設定する

①　[プロジェクト] パネルの [ビン] タブを
クリックし❶、右下にある [新規項目]
■をクリックして❷、メニューを表示
します。[調整レイヤー] をクリックす
ると❸、調整レイヤー作成の確認ダイ
アログボックスが表示されるので、[OK]
をクリックします。[プロジェクト] パ
ネルに5秒のデュレーションの調整レイ
ヤーが追加されます。

②　追加された調整レイヤーを、シーケンス
に配置したクリップの上にあるトラック
に、ドラッグ＆ドロップします❶。

　調整レイヤーは、[V2] トラックより上で
あれば、どのトラックでもかまいません。なお、
「V2以上のトラックの合成を行うためのトラッ
ク」という意味で、[オーバーレイトラック] と
呼びます。

③ ［エフェクト］パネルで利用したいエフェクト（ここでは［モノクロ］）を選択し、シーケンスに配置した調整レイヤーにドラッグ＆ドロップして適用します❶。再生ヘッドを合わせると、［プログラムモニター］パネルにはエフェクトが適用された映像が表示されます。

💡 エフェクトを適用するには、利用したいエフェクトを調整レイヤー上にドラッグ＆ドロップするか、調整レイヤーを選択し、利用したいエフェクト名をダブルクリックします。

エフェクト適用後の画像が表示される

④ 調整レイヤーを移動したり範囲を広げたりすると❶、別のクリップにもエフェクトが適用されます。

別のクリップにもエフェクトが適用される

⑤ 調整レイヤーがない位置では、エフェクトは適用されません❶。このように、クリップ自体にはエフェクトを適用しなくても、エフェクトを利用できる点が調整レイヤーの特徴です。

💡 調整レイヤーに設定したエフェクトは、通常どおりクリップにエフェクトを設定したときと同じように、［エフェクトコントロール］パネルでオプションを調整して効果を変更することが可能です。

調整レイヤーの範囲外のため、エフェクトは適用されない

# エフェクトの効果を
# コピー＆ペーストしよう

クリップに設定したエフェクトや、そのオプション設定などは、そのまま同じ設定内容で
別のクリップに適用できます。このことを「属性のペースト」といいます。

## 属性をペーストする

**(1)** 画面ではシーケンスに2つのクリップが
配置され、左側のクリップには、［モノ
クロ］と［レンズフレア］という2つのエ
フェクトを設定してあります❶❷。右
側のクリップには、エフェクトを設定し
ていません。

💡 エフェクトを設定してあるクリップは、名
前の頭にある [fx] に色が設定されています。色
の有無で、エフェクトの利用状況を判別しやす
くなっています。

**(2)** エフェクトを設定してあるクリップを右
クリックし❶、［コピー］をクリックし
ます❷。

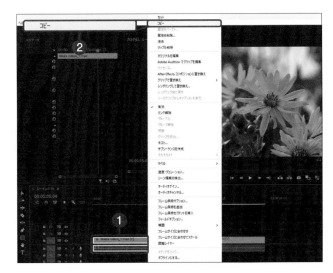

(3) エフェクトを設定していないクリップを右クリックし❶、[属性をペースト]をクリックします❷。

(4) [属性をペースト] ダイアログボックスが表示されるので、適用したい属性（ここでは「エフェクト」）以外のチェックボックスをオフにします❶。設定できたら、[OK] をクリックします❷。

💡 画面のシーケンスでは、エフェクトやオプションを変更していないので、ほかの設定項目をオフにせず、そのまま [OK] をクリックしてもかまいません。

(5) ペーストしたクリップにも、同じエフェクトとその設定が適用されます。必要に応じて、エフェクトのオプション値（パラメーター）を変更してください。

💡 エフェクトのオプションなどの設定値を「パラメーター」と呼びます。

エフェクトと設定がコピーされ
ペーストしたクリップに適用された

# エフェクトを削除しよう

クリップに設定したエフェクトが不要になった場合は、削除しましょう。
なお、削除する前にオン／オフの状態でエフェクトを確認してから実行しましょう。

## エフェクトを削除する

**1** シーケンスでエフェクトを設定したクリップをクリックして❶、［エフェクトコントロール］パネルを表示します。削除したいエフェクトの名前にある［fx］をクリックして❷、効果を一時的にオフにします。

> エフェクトを削除する前に、エフェクトをオフにして、本当に削除するかどうかを確認します。確認を終えたら［fx］をクリックしてオンにします。

②　[エフェクトコントロール]パネルで、
削除したいエフェクトの名前をクリック
して選択します❶。ここでは、[モノク
ロ]を選択しています。

③　キーボードの[Delete]を押すと、選択した
エフェクトが削除されます。ここでは[モ
ノクロ]だけを削除し、[レンズフレア]
は残しています。

［モノクロ］は削除して
［レンズフレア］を残した

［レンズフレア］のエフェクト
のみ適用された

### デフォルトエフェクトとは

クリップには、ユーザーが適用した以外のエ
フェクトが設定されています。このエフェク
トをデフォルトエフェクトといいます。デフォ
ルトエフェクトは、シーケンスに配置したす
べてのクリップに共通して適用されているエ
フェクトです。デフォルトエフェクトは[ビデ
オ]、[オーディオ]にそれぞれあります。なお、
デフォルトエフェクトは[Delete]を押しても削
除できません。

# ［エフェクト］ワークスペースを使用する

Premiere Proの［ワークスペース］は、作業効率をアップするための機能です。たとえば編集作業は［編集］、オーディオの編集は［オーディオ］、タイトルなどテロップの編集は［キャプションとグラフィック］などのワークスペースを利用すると、効率よく作業できます。エフェクトを利用する際も［エフェクト］ワークスペースを利用するとよいでしょう。たとえばビデオエフェクトなどのエフェクトを、右側の［エフェクト］パネルから選択して追加できます。

また、Chapter 6で解説している色合いの調整なども、右側にある［Lumetriカラー］パネルを利用して作業できます。ワークスペースを活用して、より作業を効率化しましょう。

［エフェクト］パネルが利用できる

色の補正なども［Lumetriカラー］を利用して作業できる

# Chapter

# 4

# テロップを
# 作成しよう

「テロップ」は、テキストデータを映像と合成して情報を伝える機能です。動画の編集では、メインタイトルの作成や、動画の最後に表示する「スタッフロール」や「エンドロール」などと呼ばれるロールタイトルの作成などを行います。

 この章で学ぶこと

# テキストを利用した
# 動画編集テクニックを覚えよう

## ① テキストを入力する

テロップは、テキストデータを用いて作成します。Premiere Proにはテキスト入力用の専用機能と、テキストの編集作業がスムーズに行える［キャプションとグラフィック］ワークスペースが用意されています。このワークスペースを利用して、テキストを入力する方法を学びます。

📖 ［キャプションとグラフィック］ワークスペース

## ② テキストをデザインする

入力したテキストには、デザイン処理を施す必要があります。デザイン処理では、フォントの種類やフォントサイズ、テキストの色、縁取りの有無、影の設定、表示位置の調整などを行います。

📖 テキストをデザイン処理する

## ③シェイプ（図形）と併用する

タイトルなどのテキストを演出する機能として、シェイプ（図形）と併用する方法があります。動画編集では、テキストの背景に四角形を設定してデザインすることを「座布団を敷く」と表現しています。ここでは、テキストに座布団を敷く方法を学びます。

📖 シェイプ（図形）と併用する

## ④ロールタイトルを設定する

動画作品を作成した際、メインタイトルのほかに、動画の最後にスタッフの一覧などを表示する「ロールタイトル」を利用する場合があります。ロールタイトルはスタッフロールやエンドロールなどとも呼ばれます。ここでは、ロールタイトルの作成方法について解説します。

📖 動画の最後にロールタイトルを追加する

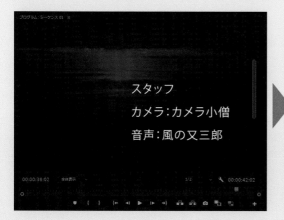

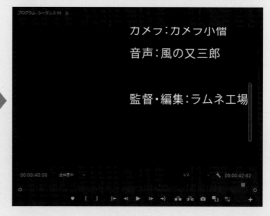

# ワークスペースを切り替えよう

Premiere Proでメインタイトルなどのテロップを作成する場合、ワークスペースを
［キャプションとグラフィック］に切り替えると、グッと作業がしやすくなります。

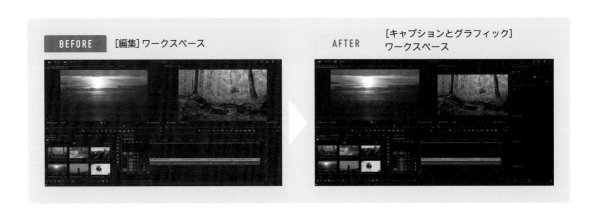

BEFORE ［編集］ワークスペース　　AFTER ［キャプションとグラフィック］ワークスペース

## ワークスペースを切り替える

1 ［キャプションとグラフィック］ワークス
ペースは、テキストなどの入力やデザイ
ンに適したワークスペースです。画面右
上の［ワークスペース］■をクリックし
てメニューを表示し❶、［キャプション
とグラフィック］をクリックします❷。

② ワークスペースが[キャプションとグラフィック]に切り替わりました。本章の以降のSectionも、このワークスペースで進めていきます。

ワークスペースの右側には、[エッセンシャルグラフィックス]パネルが表示されています。このパネルを利用して、テキストのデザイン処理を行います。

シーケンスで編集操作を行う際、シーケンスのサイズが小さくて編集しにくい場合は、[編集]ワークスペースに切り替えましょう。

## ［エッセンシャルグラフィックス］パネルを表示する

① [エッセンシャルグラフィックス]パネルは、ワークスペースを切り替えなくても表示できます。たとえばワークスペースが[編集]の場合、メニューバーの[ウィンドウ]をクリックし①、[エッセンシャルグラフィックス]をクリックします②。

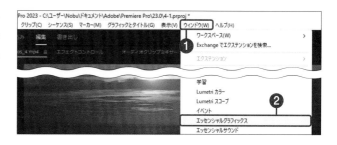

② ワークスペースの右側に、[エッセンシャルグラフィックス]パネルが表示されます。ただし、[ツール]パネルの位置や[プログラムモニター]パネルのサイズなど使いにくい点があるので、設定を変更する必要があります。

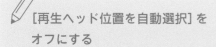

### [再生ヘッド位置を自動選択]をオフにする

Premiere Proのデフォルト設定では、シーケンスで再生ヘッドがある位置のクリップが、自動的に選択されます。この設定を変更するには、メニューバーの[シーケンス]をクリックし①、[再生ヘッド位置を自動選択]をクリックして②、チェックマークを外した状態にします。

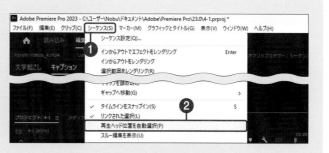

# テキストを入力しよう

メインタイトルなどのテキスト入力は、［プログラムモニター］パネルで行います。
テキスト入力には、文字ツールを利用し、モニター画面で文字を入力します。

BEFORE　テキスト入力前　　　　　　AFTER　　テキスト入力後

美しい地球

## メインタイトルのテキストを入力する

**1**　再生ヘッドをドラッグし❶、メインタ
イトルとなるテキストを表示したい位置
を［プログラムモニター］パネルで確認
します❷。

② ［プログラムモニター］パネルの左側に
［ツール］パネルがあるので、［横書き文
字ツール］■をクリックします❶。なお、
［文字ツール］を長押ししているとメ
ニューが表示され、横書きと縦書きどち
らかを選択できます。

③ ［プログラムモニター］パネルのフレー
ム上をクリックし、テキスト入力モード
に切り替えます。モードが切り替わると、
モニター画面に赤い枠が表示されるので
❶、テキストを入力します❷。

④ シーケンスには、テキストクリップが表
示されています。クリップは［V2］トラッ
ク以上に配置され、基本的なデュレー
ション（再生時間）は5秒に設定されてい
ます。

💡 ［V1］トラックに動画クリップがある場合
は、［V2］トラックに配置されますが、動画ク
リップがない場合は、テキストクリップも［V1］
トラックに配置されます。

# テキストのフォントを変更しよう

入力したテキストは、フォントを変更してタイトルとしての体裁を整えます。
このとき、テキストを選択状態にすることを忘れないでください。

---

**BEFORE** テキスト調整前

**AFTER** テキスト調整後

## フォントの種類を変更する

**1** 入力したテキストは、［入力モード］の
状態です。このモードではフォント変更
などのデザイン処理ができないので、選
択モードに切り替えます。［ツール］パ
ネルの［選択ツール］▶をクリックする
と❶、テキストが選択モードに変わり、
選択されたテキストの周りにバウンディ
ングボックスが表示されます。

バウンディング
ボックスが表示された

---

✎ **バウンディングボックスとは**

バウンディングボックスは、テキストや画像を囲むように表示される枠線です。この枠線にはハンドルと呼ばれる◼️のパー
ツがあり、これをドラッグすることで、拡大／縮小や回転、移動、変形ができます。

② [エッセンシャルグラフィックス]パネルを見ると、[編集]というタブがアクティブになり、その下に入力したテキスト（ここでは「美しい地球」）が表示されています。これは、テキストデータが[レイヤー]として表示されていることを示しています。

③ [エッセンシャルグラフィックス]パネルの[テキスト]にある[フォント]ボックス右の▼をクリックすると❶、フォント一覧が表示されます。利用したいフォント（ここでは[小塚明朝 Pro]）をクリックすると❷、フォントが反映されます。

④ フォントによっては、[フォントスタイル]という、複数の太さの異なるパターンを持っています。フォントの下に[フォントスタイル]テキストボックスがあるので、▼をクリックしてメニューを表示し❶、スタイルを選択します❷。ここでは、[H]を選択しています。

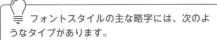 フォントスタイルの主な略字には、次のようなタイプがあります。
・R：レギュラー（Regular）
・B：太い（Bold）
・H：超太（Heavy）

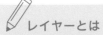 レイヤーとは

レイヤー（layer）には、「層」という意味があります。Premiere Proでは、レイヤーは映像のフレームの上に重ねた、透明なフィルムのような扱いです。このフィルムにテキストが書かれており、映像に透明フィルムを重ねているとイメージしてください。

# テキストのサイズを調整しよう

テキストサイズの変更も、［エッセンシャルグラフィックス］パネルの［テキスト］にある
［フォントサイズ］で行います。調整方法は2種類あります。

BEFORE テキストサイズ変更前　　　AFTER テキストサイズ変更後

## パラメーター（数値）でフォントサイズを変更する

**1** Premiere Proのテキストのフォントサイズは、デフォルトで「100」と表示されています。パラメーターにマウスを合わせて左右にドラッグする「スクラブ」でパラメーターを変更します❶。

フォントサイズが変更された

# スライダーでフォントサイズを変更する

**①** ［フォントサイズ］のパラメーターの右にスライダーがあります。このスライダーの ◎ を左右にドラッグすると①、フォントサイズが変更されます。

💡 パラメーター（数値）のスクラブと、スライダーのドラッグのどちらでパラメーターを変更しても結果は同じですが、スクラブでの変更は細かい単位でサイズ変更ができ、スライダーは大きい単位で変更されます。

💡 Premiere Proで表示されるフォントサイズの単位は、「ピクセル」です。例えば［100］の場合は、100ピクセルになります。IllustratorやPhotoshopなどAdobeの製品は基本的にフォントサイズを「ポイント（pt）」で表記しますが、Premiere Proの場合はピクセルが基本です。

💡 フォントサイズは、バウンディングボックスのハンドル □ をドラッグしても変更できます。

フォントサイズが変更された

## ✏️ ［エフェクトコントロール］パネルでも変更可能

Premiere Proで入力したテキストは、エフェクトの一種として管理されています。そのため、シーケンスでテキストクリップを選択し、［ソースモニター］パネルの［エフェクトコントロール］タブをクリックしてパネルを表示すると①、［テキスト］というエフェクト名が表示されます。この先頭にある ⌄ をクリックして展開すると②、［ソーステキスト］という名称で、フォントやサイズを変更するオプションが表示されます。このオプション構成は、［エフェクトコントロール］パネルと同じ内容です。

# テキストの表示位置を調整しよう

フレーム内でのテキストの表示位置は、さまざまな方法で変更可能です。
利用しやすい方法で調整してください。

## ドラッグでテキストの表示位置を調整する

①　テキストの表示位置調整でもっともかんたんな方法が、バウンディングボックスをドラッグして移動する方法です。バウンディングボックス内にマウスを合わせてドラッグすると❶、自由に表示位置を変更できます。

## ［整列と変形］でテキストの表示位置を調整する

**①** テキストをフレームの中央に配置したい場合は、［エッセンシャルグラフィックス］パネルの［整列と変形］にある［垂直方向に中央揃え］■をクリックし**①**、［水平方向に中央揃え］■をクリックします**②**。フレームの中央にテキストが配置されます。

💡 バウンディングボックスが表示されない場合は、［プログラムモニター］パネルのテキストをクリックするか、［エッセンシャルグラフィックス］パネルのテキストのレイヤーをクリックして選択します。

## パラメーターでテキストの表示位置を調整する

**①** ［X座標］と［Y座標］のパラメーターを変更しても、表示位置を調整できます。正確な位置に配置したい場合は、この方法が最適です。パラメーターを変更するには、スクラブか、数値をクリックしてキーボードで入力します。

# テキストの色を変更しよう

テキストの色により、映像作品のイメージが大きく変わります。
動画の内容にふさわしい色を選択し、もっとも適したな色を適用することが重要です。

テキストに色を設定する前　　　　　　テキストに色を設定後

## テキストの色を変更する

**1**　[プログラムモニター] パネルでテキストを選択してバウンディングボックスを表示します❶。[エッセンシャルグラフィックス] パネルの [アピアランス] にある、[塗り] のカラーボックスをクリックします❷。

> 💡 [塗り] はデフォルトでオンの状態 (チェックマークが付いている状態) にあり、白色が適用されています。そのため、最初に入力したテキストの色は白で表示されています。

(2) カラーピッカーが表示されます。色を選択し**❶❷**、元の色と選択した色を比較して**❸**、[OK] をクリックします**❹**。

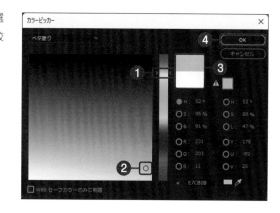

(3) カラーピッカーで選択した色がテキストに適用されました。テキストの色によって映像のイメージが変わるので、さまざまな色を試して最適な色を探しましょう。

💡 色を変更したい場合は、再度カラーボックスをクリックしてカラーピッカーを表示し、手順②の操作を行います。

💡 [カラーピッカー] は、色を選択・設定するためのツールです。色は、[色相]、[彩度]、[明度] の三要素で選択されます。

## ✏️ 映像の中の色を利用する

動画で写っている被写体から色を取り出して利用することも可能です。カラーピッカーで右下にあるスポイト🖉をクリックすると、マウスポインターがスポイトに変わります**❶**。そのスポイトでフレーム上の被写体をクリックすると、その色を取得できます。カラーピッカーで [OK] をクリックすると、テキストに適用されます。

被写体の色を取得してテキストに適用できる

# テキストを縁取りしよう

テキストの周囲を縁取りすることを、Premiere Proでは［境界線］と表現しています。
テキストに色を付け、さらに境界線を設定すると、テキストを目立たせることができます。

BEFORE　境界線設定前　　　　　AFTER　境界線設定後

## テキストの境界線を調整する

① ［エッセンシャルグラフィックス］パネルの［境界線］は、デフォルトではオフに設定されているので、チェックボックスをクリックしてオンにします❶。

**②** 境界線は幅がデフォルトで[4.0]に設定されています。この太さではあまり目立たないので、スポイトの右にあるパラメーターを修正します。パラメーターを変更するには、スクラブか、数値をクリックしてキーボードで入力します。パラメーターを変更すると**❶**、境界線の幅が変更されます。

💡 スクラブとは、パラメーターにマウスを合わせて、マスが指の形に変わった後にそのまま左右にドラッグする操作のことです。

**③** [境界線]のカラーボックスをクリックして**❶**、カラーピッカーを表示します。境界線の色を設定し**❷**、[OK]をクリックすると**❸**、境界線の色が反映されます。

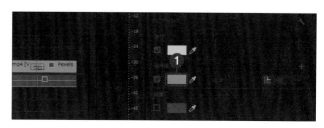

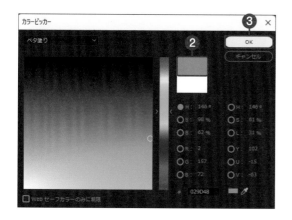

✏️ **境界線の適用位置**

[境界線]のオプションの右にある設定メニューをクリックすると、境界線をテキストのどの位置に適用するかを変更できます。位置は[外側][内側][中央]から選択します。

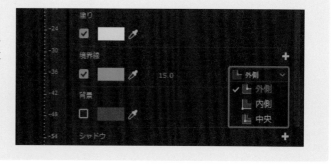

# テキストにシャドウを設定しよう

テキストに「シャドウ（影）」を設定すると、さらにテキストを目立たせることができます。
たとえば、境界線の色が映像の色と似ているような場合に利用しています。

BEFORE　シャドウ設定前　　　　　　　　　　AFTER　　シャドウ設定後

## テキストにドロップシャドウを設定する

① ［エッセンシャルグラフィックス］パネルの［アピアランス］にある［シャドウ］のチェックボックスをクリックしてオンにすると❶、シャドウのオプションが表示されます。

シャドウのオプションが表示される

② シャドウのカラーボックスをクリックして❶、カラーピッカーを表示し❷、シャドウの色を調整します。

💡 シャドウだからといって、色はグレーや黒である必要はありません。デフォルトではグレーに設定されています。

③ 下記の「シャドウのオプションについて」を参考にして、シャドウのオプションのパラメーターを調整します❶。

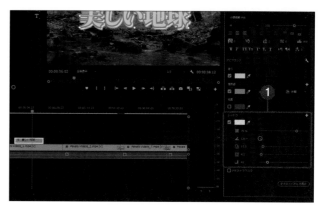

💡 ドロップシャドウをうまく調整するコツは、シャドウとテキストの距離を離しすぎないことと、シャドウのぼかしを大きくしすぎないことです。

## ✏️ シャドウのオプションについて

シャドウのオプションは、次のような機能で構成されています。

❶ カラーボックス ：シャドウの色を変更する
❷ スポイト ：フレームから色を抽出・適用する
❸ 不透明度 ：シャドウの不透明を変更する
❹ 角度 ：シャドウの方向を変更する
❺ 距離 ：テキストとシャドウのオフセット（距離）を変更する
❻ サイズ ：シャドウの大きさを変更する
❼ ブラー ：シャドウの輪郭のぼかし具合を変更する

# テキストに「座布団」を設定しよう

[ツール] パネルの [長方形ツール] を利用すると、サブタイトルなどを設定した際に、
「座布団」と呼ばれる図形（シェイプ）を配置できます。

**BEFORE** 長方形ツール設定前　　　　　　**AFTER**　　長方形ツール設定後

## サブタイトルに背景を設定する

① サブタイトルを入力します。メインタイトルを入力した直後に続けてサブタイトルを入力すると、メインタイトルのデザインを引き継ぎます❶。必要に応じて [アピアランス] を変更してください❷。

💡 Premiere Proを終了して再起動すると、タイトルのデザイン設定は初期化されます。

💡 テキストの入力方法やアピアランスの変更方法は、128〜141ページを参照してください。

② [ツール]パネルで[長方形ツール]□を
クリックして❶、入力したサブタイト
ルの上に長方形をドラッグして描きます
❷。

③ [エッセンシャルグラフィックス]パネ
ルのレイヤーエリアには、設定したシェ
イプ（図形）のレイヤーが一番上に配置
されているので、これをサブタイトルの
レイヤーの下にドラッグして移動します
❶。これで、テキストがシェイプの上
に表示されます。

④ [選択ツール]でシェイプをマウスでド
ラッグして移動します❶。

⑤ ［エッセンシャルグラフィックス］パネルの［アピアランス］にある［塗り］で、シェイプの色を変更します。カラーボックスをクリックしてカラーピッカーを表示し❶、色を選択します❷。［OK］をクリックすると❸、シェイプに色が反映されます。

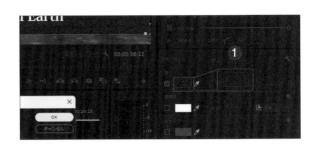

⑥ ［エッセンシャルグラフィックス］パネルの［整列と変形］のオプションを利用すると、シェイプをカスタマイズできます。［アニメーションの不透明度を切り替え］のパラメーターをスクラブで変更するか❶、スライダーをドラッグして変更すると❷、シェイプの不透明度を変更できます。

⑦ ［整列と変形］にある「W」の［シェイプの幅を設定］のパラメーターをスクラブなどで変更すると❶、シェイプの横幅を変更できます。

⑧ [整列と変形]にある「H」の[シェイプの高さを設定]のパラメーターをスクラブなどで変更すると❶、シェイプの高さを変更できます。

⑨ シェイプの位置は、マウスでドラッグするほかに、[整列と変形]にある[アニメーションの位置を切り替え]のX軸、Y軸のパラメーターを変更しても移動できます。

💡 [整列と変形]にある[角丸の半径]を利用すると、シェイプの四隅を角丸に変更できます。

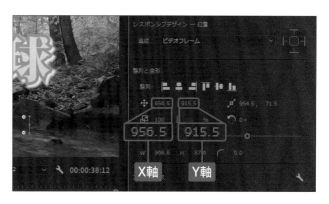

⑩ [整列と変形]のオプションのパラメーターを調整して、サブタイトルを仕上げます。

# テキストのデュレーション調整と
# トランジション設定をしよう

シーケンスに配置したテロップのクリップは、ビデオクリップと同様に、
トリミングでデュレーションを調整し、さらにビデオトランジションを設定できます。

メインタイトルにトランジション（クロスディゾルブ）を設定する

## テキストクリップのデュレーションを変更する

（1） ビデオトラックに配置されたテキストク
リップは、デフォルトで5秒のデュレー
ションに設定されていますが、トリミン
グによって長短調整ができます。トリミ
ング方法はビデオクリップと同じです
（60ページ参照）。ここでは、クリップ
の終端を右方向にドラッグし❶、デュ
レーションを長くしています。

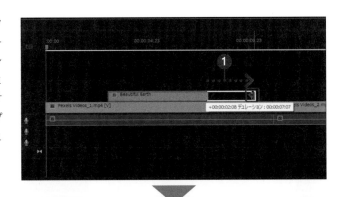

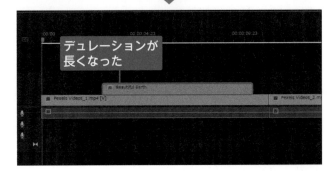

# テキストクリップにビデオトランジションを設定する

① ［プロジェクト］パネルの［エフェクト］タブをクリックして［エフェクト］パネルを表示し**①**、［ビデオトランジション］→［ディゾルブ］→［クロスディゾルブ］をクリックします**②**。

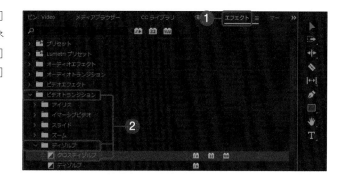

② トランジションの［クロスディゾルブ］を、クリップの始端と終端にドラッグ＆ドロップで配置します**①**。クリップの始端と終端はあらかじめトリミングしておきましょう。

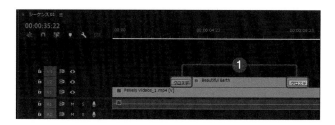

③ トランジションはデフォルトで1秒のデュレーションに設定されていますが、これもトリミングで調整可能です。もっともかんたんな方法は、ドラッグによるトリミングです**①**。

トランジションが調整された

---

## ✏ トランジションでアレンジが可能

［クロスディゾルブ］以外のトランジションはあまりおすすめしませんが、タイプによっては、面白い効果が演出できます。利用したいトランジションのタイプを、テキストクリップの始端、終端に設定してください。

# ロールタイトルのテキストを入力しよう

動画作品の最後にスタッフの一覧などを表示するテロップが、「エンドロール」や
「スタッフロール」と呼ばれるロールタイトルです。テキストは複数行入力できます。

ロールタイトルにテキストデータを入力

## 複数行のテキストを入力する

① 再生ヘッドをドラッグして❶、[プログラムモニター]パネルで確認しながら❷、テキストの配置位置を見つけます。

💡 ロールタイトルは、画面下から上にテキストがロールアップするアニメーションです。そのため、テキストの配置位置は、正確にはアニメーションを開始する位置になります。

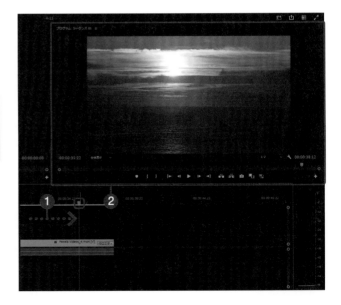

② ワークスペースを［キャプションとグラフィック］に切り替えていない場合は、［ワークスペース］■をクリックしてメニューを表示し❶、［キャプションとグラフィック］を選択してワークスペースを切り替えます❷。

③ ［ツール］パネルから［文字ツール］■をクリックし❶、［プログラムモニター］パネル上をクリックしてテキストを入力します❷。あとから表示位置を調整するので、テキストの入力位置はどこでもかまいません。テキストは、改行して複数行入力できます。

テキストが長い場合、別途テキストデータを用意しておき、そのデータをコピー＆ペーストで入力することも可能です。

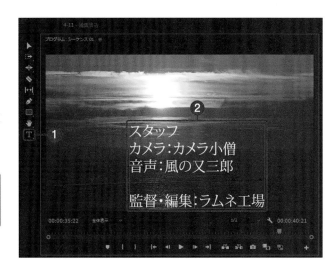

# ロールタイトルのテキストの
# 行間と字間を調整しよう

ロールタイトルには複数のテキストを入力します。そのため、テキストを入力したら、
行間や字間などの調整が必要になります。

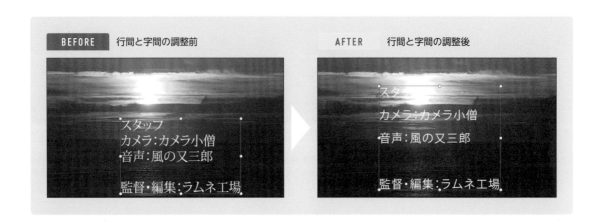

## テキストの行間と字間を調整する

**1**　テキストを入力したら、［ツール］パネルの［選択ツール］▶をクリックします❶。入力したテキストが選択モードに切り替わり、バウンディングボックスが表示されます。

フォントや文字サイズを調整します。[エッセンシャルグラフィックス]パネルの[テキスト]で、フォントや文字サイズを調整します❶。ロールタイトルの場合、文字色は「白」がベストです。

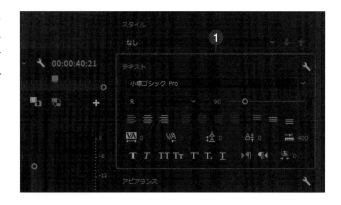

## ✎ ロールタイトルのフォントの設定

ロールタイトルは、フレームサイズが1920×1080の場合、フォントサイズは「100」前後が無難です。また、フォントは明朝体よりゴシック体の方が読みやすいです。明朝体は横の線が細くなるため、文字が小さいと読みにくくなります。ここでは、次の設定を利用しています。

・フォント　　　　：小塚ゴシック Pro
・フォントスタイル：R
・フォントサイズ　：90

なお、フォントサイズは、フォントの種類によっても印象が変わるため、読みやすいサイズに調整してください。

③ ［エッセンシャルグラフィックス］パネルの［テキスト］にあるオプション［行間］🄰のパラメーターを修正し❶、行間を調整します。

💡 テキストの状態が確認しにくい場合は、バウンディングボックスをわかりやすい位置に移動して確認してください。表示位置は最後に調整します。

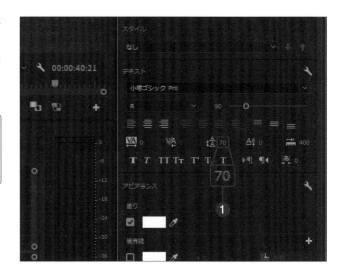

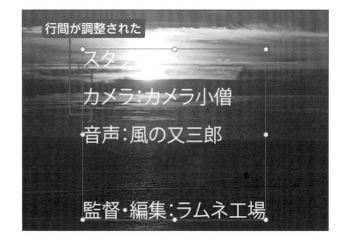

④ 行間の調整ができたら、字間の調整も行います。行間調整は、オプションの［トラッキング］🄰のパラメーターを変更します❶。

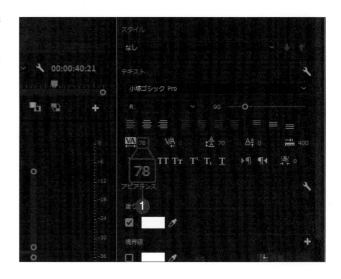

## トラッキングとカーニングの違い

字間調整を行う機能は［トラッキング］と［カーニング］の2種類があります。［トラッキング］は、すべての文字の間隔を調整する機能です。これに対して［カーニング］は、指定した文字と文字との間隔を調整するときに利用します。たとえば、［A］と［V］などを並べたときに字間の調整に利用します。
なお、カーニングの調整は、選択モードではできません。選択モードではパラメーターがアクティブにならないため、調整したい字間をダブルクリックして入力モードに切り替えてから調整してください。

## ロールタイトルをエフェクトと
## 組み合わせて演出する

ロールタイトルはエフェクトと合わせて使うことができます。［エフェクトコントロール］パネルの［モーション］→［スケール］で、ビデオクリップのパラメーターを50%くらいに変更し、表示位置を調整します❶。さらに、ロールタイトルの表示を調整すれば、以下のような映画などで利用される効果も作成できます。ロールアップの動きについては、156ページを参照してください。

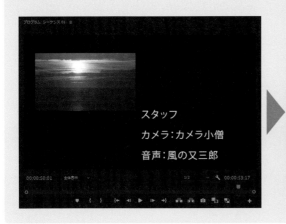

# ロールタイトルのテキストに
# シャドウを設定しよう

ロールタイトルのテキストを入力した際、そのままで読みやすければよいのですが、
映像と重なって読みにくい場合は、シャドウなどを設定して読みやすくしましょう。

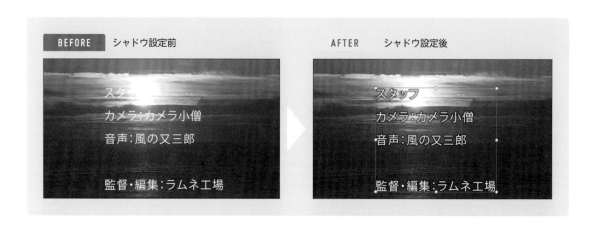

BEFORE　シャドウ設定前　　　　　AFTER　　シャドウ設定後

## テキストの真後ろにシャドウを配置する

① ［選択ツール］ ▶ でテキストをクリック
して選択状態にし、バウンディングボッ
クスを表示します❶。

テキストを選択状態にしないと、シャドウ
を設定できません。

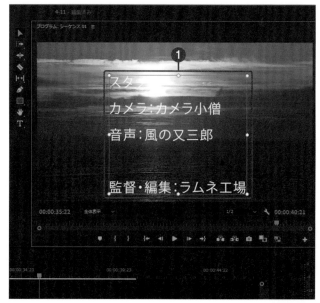

② [エッセンシャルグラフィックス] パネルの [アピアランス] にある [シャドウ] のチェックボックスをクリックしてオンにします❶。

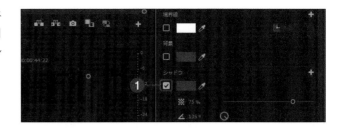

③ シャドウのカラーは、デフォルトでグレーに設定されています。ここでは、「黒（ブラック）」に変更します。カラーボックスをクリックしてカラーピッカーを表示し❶、左上の黒を選択します❷。[OK] をクリックすると❸、シャドウに反映されます。

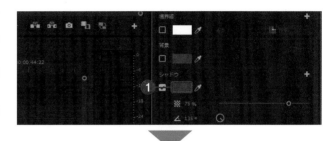

④ シャドウのパラメータを設定します。デフォルトではドロップシャドウなので、テキストの真後ろに影が配置されるように変更します。

 ここではシャドウのパラメータを次のように設定しています。
❶不透明度：90%
❷角度　　：0°
❸距離　　：0.0
❹サイズ　：16
❺ブラー　：40

 シャドウではなく、境界線で縁取りをする方法もあります。しかし、文字が小さいと縁取りによって文字がさらに細くなってしまうことがあるため、筆者はシャドウを利用しています。

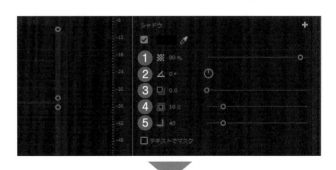

# ロールタイトルのテキストに
# 動きを設定しよう

テキストを入力した時点では、再生を実行してもテキストはロールアップしません。
ここでは、ロールアップするように設定を変更してみましょう。

---

**テキストをロールアップ**

## テキストをアニメーションさせる

---

①　テキストが選択されている状態で、マウ
スでドラッグし、表示する位置を決めま
す❶。［プログラムモニター］パネル上
のテキストのない箇所をクリックして
❷、テキストの選択を解除します。

💡 ここでは、左右の位置だけ注意してくださ
い。上下はどこにあっても問題ありません。

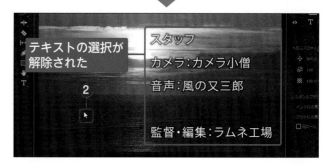

② [エッセンシャルグラフィックス] パネルの表示が変わり、[レスポンシブデザイン−時間] が表示されます。オプションの [縦ロール] のチェックボックスをクリックしてオンすると❶、ロールタイトルのオプションが表示されます。

ロールタイトルのオプションでは、[オフスクリーン開始] と [オフスクリーン終了] のチェックボックスがオンになっています。これらはデフォルトのまま変更しません。

ロールタイトルの
オプションが
表示された

③ [プログラムモニター] パネルには右に青いスライダーが表示されています。この状態で、[再生] をクリックして❶、テキストのアニメーションを確認します。

青いスライダーが
表示されている

④ シーケンスに配置されている、ロールタイトル用のクリップの終端や始端をドラッグし、デュレーションを調整します❶。テキストの量によって読みやすい速度でアニメーションされるように調整してください。

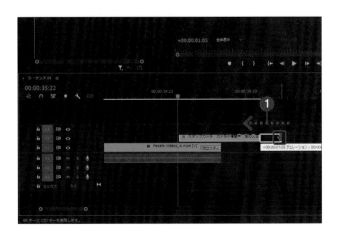

# Adobe Fontsを利用する

Premiere Proを含め、Adobeのデスクトップアプリケーションのユーザーは、**Adobe Fonts**を利用できます。Adobe Fontsのフォントをアクティベートすると、Premiere Proなどのアプリケーションのフォントメニューにフォントが表示され、数多くのフォントを無料で利用できるようになります。

なお、Adobe Fontsのフォントをアクティベートするには、下記のURLからフォントのライブラリーページにアクセスし、利用する言語やフォントを選択してアクティベート作業を進めます。アクティベートの作業手順は、Premiere Proのヘルプから「Adobe Fonts」と検索して確認してください。

Adobe Fonts (https://fonts.adobe.com/fonts)

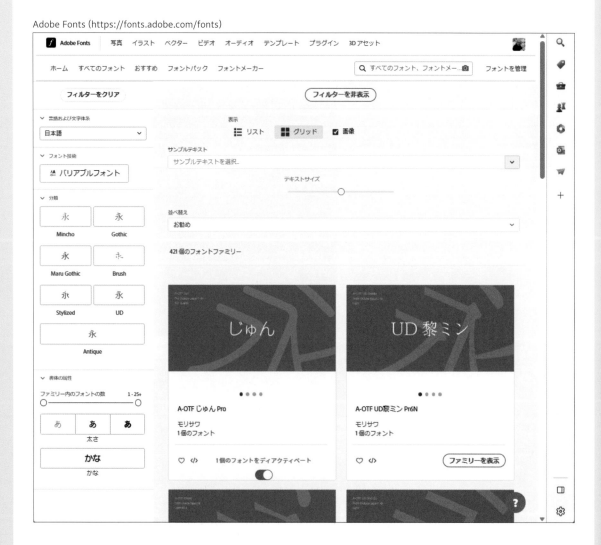

# Chapter

# 5

# 音声やBGMを
# 追加／編集しよう

動画編集では、動画とオーディオはとても重要な関係にあります。
たとえば、動画の映像と、BGMなどのオーディオが組み合わされる
ことによって、動画作品のイメージが大きく変わってきます。ここ
では、BGMのオーディオデータを処理する基本操作について解説し
ます。

この章で学ぶこと

# オーディオデータの
# 基本操作を覚えよう

## ①BGMの読み込みと配置

「映像とBGMは、車でいえば両輪のようなもの」とよくいわれます。BGMは、作成した動画作品のイメージが決まってしまうほど、重要な要素です。ここでは、

BGM素材の読み込み方法と、シーケンスのトラックへ配置する際の注意について解説します。

### 📑 BGMを読み込んでシーケンスに配置する

## ②BGMをトリミングする

BGM素材も、動画素材と同じようにトリミングが必要です。BGMは、プロジェクトのデュレーション（長さ）に応じて調整します。

### 📑 デュレーションに合わせてトリミングする

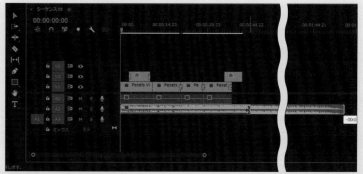

## ③BGMにフェードイン／フェードアウトを設定する

BGMの開始と終了には、映像と同じように、フェードインやフェードアウトを設定することができます。これらを設定しておかないと、動画内でBGMが唐突に始まったり終了したりしてしまうため、動画に合わせて設定しておきましょう。

📖 フェードインやフェードアウトを設定する

## ④リミックスでトリミングする

BGMをトリミングすると、イントロやエンディングなどをカットすることになります。楽曲のイメージが壊れてしまうのを防ぐため、AI機能によって自動的にBGMをトリミングする「リミックス」と呼ばれる機能があります。ここでは、リミックスの使い方について学びます。

📖 BGMをリミックス

## ⑤音量を調整する

楽曲をBGMとして利用する場合、音量調整は必須です。動画素材にも音声データが含まれているため、その音声データの音量とのバランスを調整する必要があります。Premiere Proには複数の音量調整機能がありますが、ここでは、もっともかんたんで視覚的にもわかりやすい、「ラバーバンド」を利用した調整方法について解説します。

📖 音量のバランスを考えて調整する

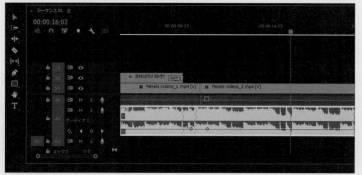

# BGMをトラックに配置しよう

BGM（音楽、Back Ground Musicの略）は動画にとって、とても大切な相棒です。動画と音楽が一体化すると映像のイメージが大きく変わり、感動的な作品を作成することが可能です。

## BGMをオーディオトラックに配置する

① BGMなどオーディオデータの読み込み方法は複数ありますが、ここでは［読み込み］画面から読み込んでみましょう。［読み込み］タブをクリックして画面を切り替え❶、データが保存されているフォルダーなどを選択します。ここでは［ミュージック］を選択し❷、中にあるBGMデータ［BGM_01］をクリックします❸。

💡 Chapter 4などの作業で［キャプションとグラフィクス］ワークスペースに切り替えている場合は、［編集］ワークスペースに戻してから進めます（26ページ参照）。

💡 動画を編集している途中で、［読み込み］画面に切り替えても問題ありません。

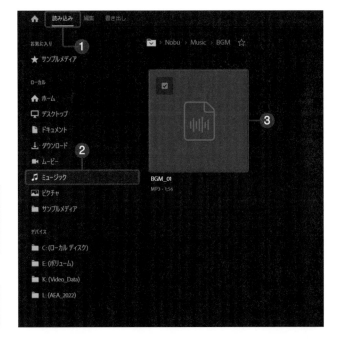

② ［新規ビン］のスイッチをオンにして❶、［名前］に環境やジャンルなどを入力します❷。なお、［シーケンスを新規作成する］のスイッチは、必ずオフに設定してください❸。設定できたら［読み込み］をクリックします❹。

③ 編集画面に切り替えると、BGMデータは作成した新規ビンの中に読み込まれています。[プロジェクト]パネルで[ビン]タブをクリックし、作成されたビンをダブルクリックして、BGMデータを確認します❶。

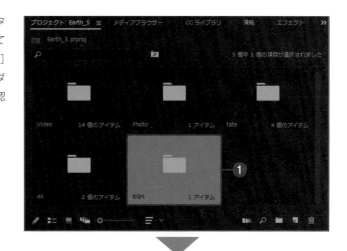

④ BGMデータを、シーケンスのオーディオトラックにドラッグ＆ドロップで配置します❶。このとき、配置するトラックにすでに音声データがないかどうかを確認してから行いましょう。

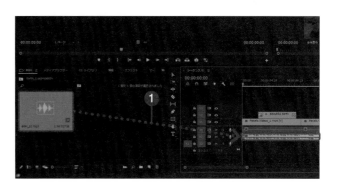

💡 BGMデータを配置するトラックに音声データがあると、BGMデータが音声データを上書きしてしまいます。上書きしないように別のトラックに配置してください。

## ✎ BGMの入手方法

BGMの入手方法にはいろいろありますが、Webサイトから入手するのが一般的です。BGMのWebサイトには有料サイトと無料サイトがあるので、どちらかを利用します。Webサイトを選ぶ際にもっとも重要なのは楽曲のイメージです。自分のイメージに合ったデータを入手できるWebサイトを利用してください。Webサイトを検索する場合、Googleなどの検索エンジンを利用して、たとえば「音楽 フリー音源 フリー素材」といったキーワードで検索するとよいでしょう。

無料サイトではYouTubeのオーディオライブラリー（165ページ参照）、有料サイトではAdobe Stockのオーディオ素材（Adobeのサブスクリプション利用ユーザーなら10点は無料）などがおすすめです。筆者の場合は、Artlist（https://artlist.io/）という有料サイトを利用しています。

もちろん、BGMだけでなく、効果音なども同様の方法で入手できます。

なお、本書のサンプルファイルでは、「魔王魂」（https://maou.audio/）から教育用に協力して提供していただきました。

Artrist (https://artlist.io/)

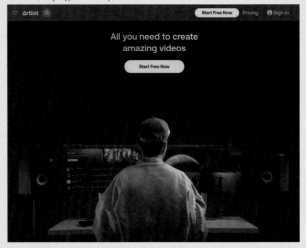

魔王魂 (https://maou.audio/)

##  著作権には要注意

BGMの入手方法として、お気に入りのミュージシャンの音楽CDや購入した楽曲を利用するという方法もあります。ただし、ほとんどの場合、ミュージシャンの楽曲には著作権が設定されています。作成した動画にこれらの楽曲をBGMとして利用した場合、自分だけで楽しむのなら問題ありませんが、SNSでの公開や友人への配布などを行った場合、著作権法違反になります。くれぐれも著作権には注意して利用してください。

## YouTubeのオーディオライブラリを利用する方法

YouTubeのオーディオライブラリでは、無料でオーディオ素材が利用できます。オーディオライブラリを利用するには、事前にYouTubeのアカウントを取得し、自分のチャンネルを作成しておく必要があります。

YouTubeのWebサイト（https://www.youtube.com/）にアクセスし、右上にあるアカウントアイコンをクリックします。[チャンネル]をクリックして、自分のチャンネルを表示します。右上にあるアカウントアイコンを再びクリックして❶、[YouTube Studio]をクリックします❷。

左側に表示されるメニューの[オーディオライブラリ]をクリックすると❸、音楽の一覧が表示されます。

利用したいオーディオ素材にマウスポインターを合わせて、[ダウンロード]をクリックすると❹、オーディオ素材のダウンロードが実行されます❺。ダウンロードしたデータは、Webブラウザーで設定されている場所（デフォルトでは[ダウンロード]フォルダー）に保存されています。

なお、オーディオライブラリの画面で[効果音]タブをクリックすると❻、効果音の一覧が表示されます。

# BGMをトリミングしよう

シーケンスのオーディオトラックに配置したBGMデータは、トリミングで
デュレーションを調整します。トリミング方法は動画のトリミングと同じです。

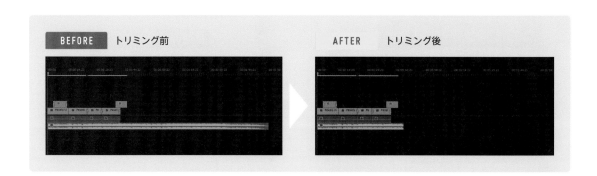

**BEFORE** トリミング前　　**AFTER** トリミング後

## ドラッグでBGMをトリミングする

① [選択ツール]▶をクリックし❶、オー
ディオトラックに配置したクリップの終
端にマウスを合わせます❷。マウスは
赤い左向きの矢印に変わるので、そのま
ま左方向にドラッグします❸。

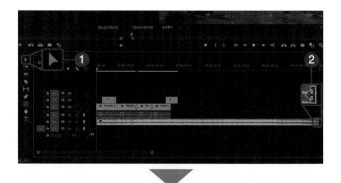

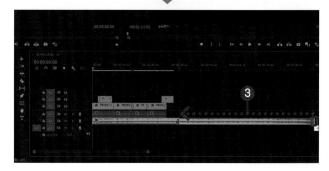

② ドラッグしてマウスのボタンを離すと、ドラッグした位置までトリミングされます。なお、トリミングしても一時的に見えなくなっているだけなので、反対の右方向にドラッグすれば元に戻せます。

BGMデータが
トリミングされた

## ショートカットキーでBGMをトリミングする

① ショートカットキーを利用すると、ワンクリックでトリミングできます。まず、BGMの終端としたい位置に再生ヘッドをドラッグして合わせます❶。

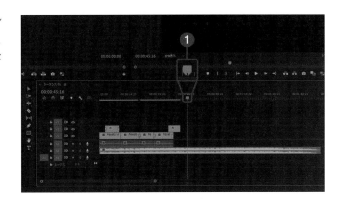

② キーボードの Ｗ を押すと、再生ヘッドより右方向にあるBGMデータがトリミングされます。なお、トリミングされた位置にマウスを合わせ、右方向にドラッグすれば元に戻せます。

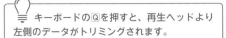
キーボードの Ｑ を押すと、再生ヘッドより左側のデータがトリミングされます。

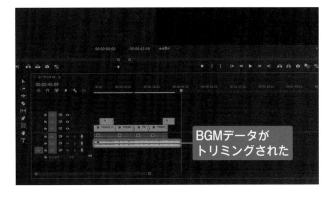

BGMデータが
トリミングされた

### トリミング時はビデオクリップに注意

Ｗ Ｑ のショートカットによるトリミングはとても便利ですが、注意点もあります。ここでの例のように、ビデオトラックにビデオクリップがない場合は問題ありませんが、ビデオクリップがあると、そのビデオクリップもトリミングされてしまいます。

# BGMにフェードイン／フェードアウトを設定しよう

BGMデータをトリミングすると、音楽が途中でブツッと切れた状態になってしまいます。
これを緩和するために、トリミングした位置にフェードインとフェードアウトを設定します。

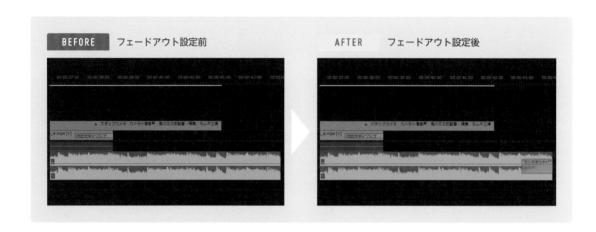

BEFORE フェードアウト設定前　　AFTER　フェードアウト設定後

## オーディオトランジションを設定する

① ［プロジェクト］パネルの［エフェクト］
タブをクリックして［エフェクト］パネルを表示します❶。［オーディオトランジション］→［クロスフェード］をクリックして❷、トランジションを表示します。

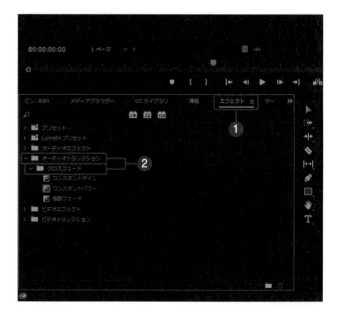

② クロスフェードのトランジションには3種類あります。この中から利用したいトランジションを、クリップの始端や終端にドラッグ＆ドロップして設定します❶。ここでは、［コンスタントパワー］をBGMの最後に設定しています。

 オーディオトランジションのクロスフェード

オーディオトランジションのクロスフェードには、それぞれ次のような特徴があります。

・コンスタントゲイン　：直線的にフェードイン、フェードアウトする
・コンスタントパワー　：曲線的にフェードイン、フェードアウトする
・指数フェード　　　　：直線的にスピードに緩急を付けてフェードイン、フェードアウトする

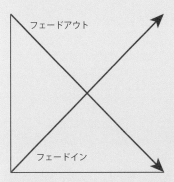

フェードアウト

フェードイン

コンスタントゲイン

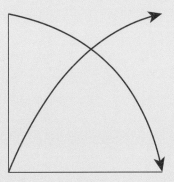

コンスタントパワー

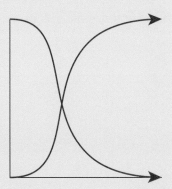

指数フェード

 オーディオトランジションを操作する

クリップに設定したトランジションは、次のよう方法で削除やトリミングが可能です。

・トランジションを変更する
　別のトランジションを既存のトランジション上にドラッグ＆ドロップで重ねる
・トランジションを削除する
　トランジションをクリックして選択して Delete を押す
・トランジションのデュレーションを変更する
　トランジションをダブルクリックして設定パネルを表示して変更するか、トランジションの始端や終端にマウスを合わせてドラッグして変更する

# BGMをリミックスしよう

BGMに「リミックス」を設定すると、指定したデュレーションに合わせて、
曲の始まりから終わりまでのタイミングをAI機能が自動認識して調整してくれます。

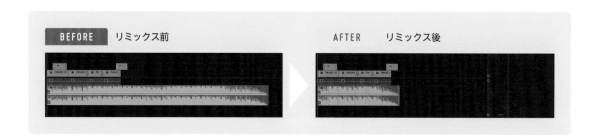

## BGMをリミックスする

1 [ツール]パネルの[リップルツール]■
を長押ししてサブメニューを表示し❶、
メニューから[リミックスツール]■を
クリックします❷。

2 マウスポインターの形が音符のマーク
■に変わるので、そのままオーディオ
クリップの終端に合わせてクリックしま
す❶。

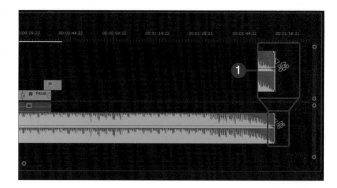

オーディオクリップの終端を、左方向に
ドラッグします❶。

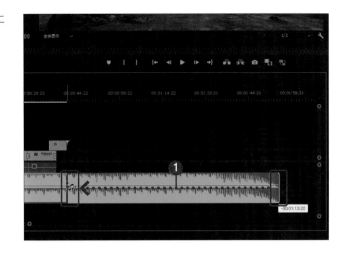

 楽曲の先頭から最後まで、AI機能が楽曲
のカット位置、ループする位置、フェー
ドアウトする位置などを自動調整し、短
く自然な楽曲にしてくれます。なお、カッ
トなどの処理が行われた位置には、波線
が表示されています。

BGMが
リミックスされた

 「リミックス」とは

「リミックス」とは、楽曲のスタートからエンディングまで、プロジェクトの長さに合わせて自動的にデュレーションを調
整する機能です。調整には楽曲のカットが必要ですが、どこをカットするのか、どうつなげるのかは、AI機能が自動的に
判断してくれます。

 ドラッグする位置

たとえば、エンドロールがビデオトラックにある場合、ロールクリップの終端に合わせ
てドラッグすると、ロールクリップの終端にグレーのマーク ▼ が表示されます。この
マークは、ドラッグしてきたオーディオクリップの終端が、ロールクリップの終端と同
じ位置にあることを示しています。

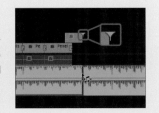

# BGMの音量を調整しよう

BGMに利用するオーディオデータは、BGM用に音量が調整されているわけではありません。
そのままでは音量が大きいので、適切な音量にする必要があります。

BEFORE　音量調整前

AFTER　　音量調整後

## ラバーバンドで音量を調整する

① 音量調整の方法も複数ありますが、もっともかんたんな方法がオーディオトラック上でラバーバンド（ゴム紐）を利用して調整する方法です。まず、調整しやすいようにトラックヘッダーの何もない部分をダブルクリックして❶、トラックの高さを変更します。

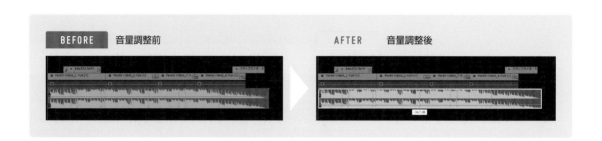

② ［選択ツール］でトラックに配置したBGM用クリップの左端上にある［fx］のアイコン 🎛 を右クリックしてメニューを表示し❶、［ボリューム］にマウスポインターを合わせて❷、［レベル］をクリックします❸。

ラバーバンドにマウスポインターを合わせると、マウスポインターの形がに変わります。その状態でラバーバンドを上下にドラッグして全体の音量を調整します❶。上方向に上げると音量が大きくなり、下方向に下げると音量が小さくなります。このとき、音量が数値で表示されるので、それを目安に調整します。

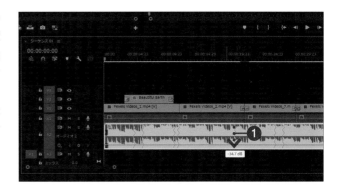

## ✎ 「ラバーバンド」とは

「ラバーバンド」には「ゴムひも」という意味がありますが、Premiere Proでは、音のレベル、すなわち音量を視覚的に表す線のことを指しています。線の高低でどのくらいの音量なのかを表現しています。

## ✎ 音量の目安

ラバーバンドでの音量は、[dB（デシベル）]で表示されます。表示されている数字は「対数」といい、何かと何かを比較したとき、その差を表す数値のことを指します。ラバーバンドでの音量調整の場合、取り込み元のオーディオデータの音量を「0」（ゼロ）とし、それよりも大きいか小さいかで表示します。
なお、音量は「+6dB」でデモとの音量の約2倍、「-6dB」で元の音量の約2分の1になります。BGMの場合、-30dB前後が適切です。

## ✎ 音量調整のdB数値

音量の数値は、右端にある[音量メーター]にも表示されています。数値は、0dBから-54dBと表記されています。この数値は、先に解説したラバーバンドの音量を表すdBとは異なります。この場合のdBは、デジタルオーディオでは超えてはいけないレベルを「0dB」としています。これを「ピーク値」といいます。音量がオーディオメーターの0dBを超えると、音割れや音の歪みなどが発生します。そのため、ラバーバンドで音量を変更しながら、同時に音量メーターの0dBを超えないようにも調整する必要があります。

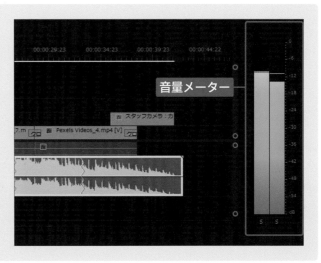

# 特定の部分だけBGMをオフにしよう

動画によっては、そのカットだけBGMをなくしたいというケースがあります。
このような場合は、ラバーバンドにキーフレームを設定して、音量を調整します。

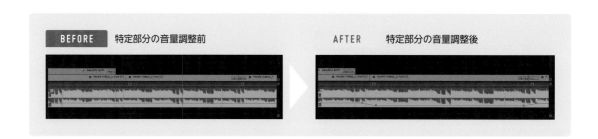

BEFORE　特定部分の音量調整前　　　　　　　　AFTER　　特定部分の音量調整後

## ラバーバンドにキーフレームを設定する

① あらかじめ、作業がしやすいようにトラックの高さを広げて、ズーム操作でトラックを拡大表示します。ここでは、中央にあるクリップ範囲のBGMの音量を下げます。

中央のクリップ範囲の
BGM音量を下げる

② ラバーバンドにマウスポインターを合わせると、マウスポインターが◐に変わります。さらに、その状態でキーボードの Ctrl （command）を押すと、マウスポインターが[＋]マークの付いた白い矢印◢に変わります。

マウスポインターの
形が変化した

③ そのままマウスでラバーバンドをクリックすると、◆ が設定されます❶。これをキーフレームといいます。ここでは、BGMをオフにしたい部分の始端に2個、終端に2個、合計で4個のキーフレームを設定します❷。設定したら、Ctrl（command）を離します。

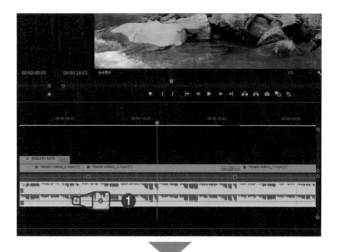

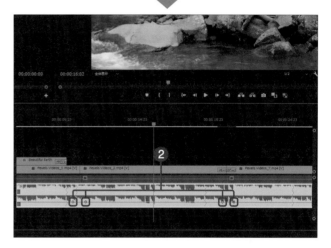

④ キーフレームにはさまれた中央のラバーバンドを、一番下にドラッグします❶。これで、左から2番目のキーフレームと右から2番目のキーフレームの間のBGMがオフになります。この場合の音量は、「-999.0dB」と表示されます。

💡 ラバーバンドに設定したキーフレームは、左右にドラッグして配置位置を変更できます。

💡 キーフレームを削除する場合は、キーフレームを右クリックし、表示されたメニューから［削除］をクリックします。

「-999.0dB」と表示される

# ナレーションを録音しよう

YouTubeなどで公開されている動画には、ナレーション付きの動画がたくさんあります。
Premiere Proでは、動画を再生しながらナレーションを録音できます。

## 録音の準備を行う

**1** ナレーションを録音するには、PCに録音デバイスを接続する必要があります。ここでは、写真のようなヘッドセットと、オーディオインターフェイスを接続した例で解説します。

オーディオインターフェイス (Forcuslight Scarlett 2i2)

ヘッドセット (Audio-Technica BPHS1)

 **オーディオインターフェイス**

オーディオインターフェイスは、必ずしも必要なデバイス (周辺機器) ではありません。たとえば、マイクがダイナミックマイクロフォンの場合は、PCのUSB端子に直接接続して利用できるので、オーディオインターフェイスは必要ありません。しかし、マイクがコンデンサーマイクロフォンの場合は、電源の供給やコントロールのために、オーディオインターフェイスが必要になります。上記のヘッドセットのマイクは、コンデンサーマイクロフォンです。
なお、マイクは高額なものでなくてもOKです。Zoomなどのビデオ会議で利用しているマイク、あるいはノートパソコンに内蔵されているマイクでも充分です。

② マイクなどが利用できるように、あらか
じめWindowsやMac側での設定を行って
おきます。とくに、入力レベルの調整は、
レベルの中央前後を目安に設定します。

Windows 11の場合

Macの場合

③ Premiere Pro側でも、デバイスが利用で
きるかどうか、設定を確認しておきます。
設定は、メニューバーの[編集]をクリッ
クして❶、[環境設定]にマウスポイン
ターを合わせ❷、[オーディオハード
ウェア]をクリックします❸。[デフォ
ルト入力]がOSと同じかどうかを確認し
てください。

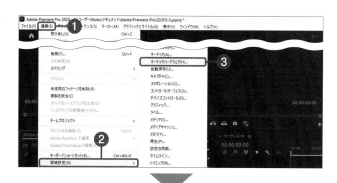

 Macの場合は、[Premiere Pro]→[設定]
→[オーディオハードウェア]をクリックしま
す。

OSと同じ設定か
確認する

---

✏️ **スピーカーはオフで利用する**

ナレーションの録音を行うときは、ヘッドセットなどを含め、スピーカーはオフにしておくことをおすすめします。たと
えばヘッドセットを利用している場合、話した音声が多少のタイムラグを発生しながらスピーカーから聞こえてきてしま
います。とても録音しにくい状態になるので、スピーカーをオフにするか、音量を下げておくとよいでしょう。

# ナレーションを録音する

① シーケンスの再生ヘッドをドラッグし、ナレーションの録音を開始する位置を決めます①。

② 音声やBGMなどのオーディオトラックをミュートに設定します（180ページ参照）。ここではオーディオトラックの[A3]に録音する設定で作業を進めます。

💡 スピーカーをオフに設定してある場合は問題ありませんが、オンに設定している場合は、録音中にBGMなどが再生され、その音をマイクが拾ってしまいます。そのため、ほかのオーディオトラックはミュートにします。

[A3]に録音する

③ [A3]トラックのトラックヘッダーにある、[ボイスオーバー録音] 🎙 をクリックしてオンにします①。オンにすると、[プログラムモニター]パネルにカウントダウンの数字が[3] → [2] → [1]と表示されます。

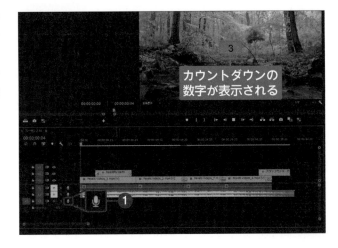

カウントダウンの数字が表示される

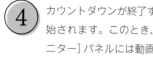 カウントダウンが終了すると、録音が開始されます。このとき、[プログラムモニター]パネルには動画が再生されると同時に、[レコーディング中]と表示されます。

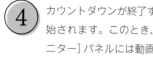 ナレーションを終えたら、もう一度[ボイスオーバー録音]をクリックして、録音を停止します❶。録音を停止すると、音声クリップがオーディオトラックに配置されると同時に、プロジェクトパネルには音声データのクリップが登録されます。

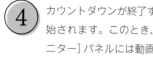 ナレーションの録音が終了したら、再生音をミュートにしていたトラックのミュートを解除し（180ページ参照）、再生してナレーションを確認します❶。

✏️ 事前にナレーションを録音しておく

Premiere Proで再生しながらナレーションを録音するのではなく、事前にナレーションを録音しておき、その音声データをクリップとして取り込んで利用する方法もあります。この場合は、BGMと同様にPremiere Proに取り込み、空いているオーディオトラックに配置します。

## モノラルのマイクで録音する場合

マイクがモノラルの場合、録音した音声は左チャンネル、あるいは右チャンネルだけに録音されます。この場合、動画がステレオで設定されているのに音声が片方のチャンネルだけでは、聞きづらい動画になってしまいます。このようなときには、[プロジェクト]パネルの[エフェクト]タブをクリックして[エフェクト]パネルを表示します①。[オーディオエフェクト]→[スペシャル]にある[左チャンネルを右チャンネルに振る]か、[右チャンネルを左チャンネルに振る]をナレーションのクリップに適用してください②。これらのエフェクトを適用すると、両チャンネルからナレーション音声が出力されます。

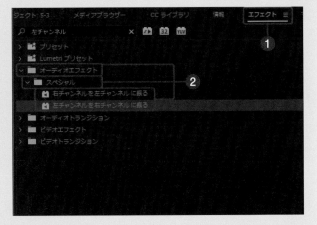

## オーディオトラックをミュートにする／解除する

トラックヘッダーにある M をクリックすると、ミュートがオンになり、アイコンが緑色 M で表示されます。M の状態のアイコンをクリックすると、ミュートがオフになり、M に戻ります。

ミュートがオンの状態

ミュートがオフの状態

# ステップアップした
# 編集テクニックを
# 利用しよう

Premiere Proでの動画編集では、基本操作をマスターしたうえで、これを知っておくとイメージどおりの動画を作ることができる、という内容があります。ここでは、最低限知っておくと便利な応用テクニックについて解説しています。

# ちょっと高度な編集テクニックを覚えよう

## ① スケール操作を応用したマルチスクリーン表示

クリップを複数トラックに配置し、エフェクトの「スケール調整」を併用することで、1画面に複数の動画を同時に表示できます。これを「マルチスクリーン」といいます。ここでは、動画が「座標」を利用して表示位置を決めるということを学びます。

📒 マルチスクリーンで表示する

## ② 映像の一部にエフェクトを適用する

「エフェクト」は、基本的には映像全体に設定する効果です。「マスク」機能を併用することで、特定の部分だけに適用することができます。ここでは、エフェクトの設定方法と、マスクを利用して特定の部分にのみエフェクトを適用する方法について学びます。

📒 「マスク」機能で特定の部分だけエフェクトを適用する

## ③文字起こしでナレーションをテキスト表示する

Premiere Proには、AIを利用して、動画の中で話している言葉をテキストとして抽出する「文字起こし」という機能が搭載されています。また、そのテキストを映像で話している言葉と合わせて表示する「キャプション」という機能があります。ここでは、これらの基本的な操作方法を学びます。

### 📑「文字起こし」と「キャプション」

## ④色補正の基本操作を覚える

色補正には、大きく分けて「カラーコレクション」と「カラーグレーディング」という2種類の補正作業があります。カラーコレクションで映像の色や明るさを正確に表示し、そのうえでカラーグレーディングして、イメージする色に変更します。

### 📑色補正を行う

## ⑤色を操って映像をカスタマイズする

動画編集で色を操ることができるようになると、映像をさまざまに加工して楽しめます。たとえば、春や夏の映像を秋に変えることも可能です。ここでは、動画編集で色を自由に操るためのポイントを学びます。

### 📑動画編集で色を調整する

# マルチスクリーン風にクリップを
# 表示しよう

動画の表示画面は、基本的に1画面1映像です。しかし、1画面に複数の映像を表示する
「マルチスクリーン」で表示できれば、短時間で多くの情報を伝えることができます。

**BEFORE** シングルスクリーン　　　　　**AFTER**　マルチスクリーン

※解説の都合上、各スクリーンに番号を設定しています。

## 各クリップのサイズと位置を変更する

**1** 動画素材をトラックに配置します。ここでは音声データは不要なので、53ページで解説した映像だけを配置する方法で、[V1]から[V4]トラックに4つのクリップを重ねるように配置します❶。

💡 解説がわかりやすくなるように、各トラックに配置したクリップは、❶、❷、❸、❹という番号で説明しています。また、画面での表示の都合上、トラックは少しずつずらして配置しています。

💡 オーディオ部分も配置した場合、Alt（option）を押しながらオーディオデータ部分をクリックして選択し、Delete で削除できます。

②　❶のクリップをクリックし、[ソースモ
ニター]パネルの[エフェクトコントロー
ル] パネルを表示します。[モーション]
を展開し、[スケール]と[位置]のパラ
メーターを次のように変更します。

❶のパラメーター
❶位置：480.0（X座標）270.0（Y座標）
❷スケール：50.0

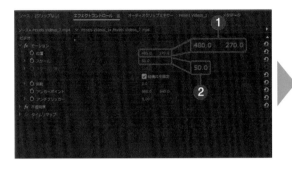

③　❷❸❹も、次のように [スケール] と [位
置] を設定すると、1画面に4つの映像を
表示することができます。

❷のパラメーター
❶位置：1440.0（X座標）270.0（Y座標）
❷スケール：50.0

❸のパラメーター
❶位置：480.0（X座標）810.0（Y座標）
❷スケール：50.0

❹のパラメーター
❶位置：1440.0（X座標）810.0（Y座標）
❷スケール：50.0

| 0.0　0.0 | | 1920.0　0.0 |
|---|---|---|
| ❶　480.0　270.0 | ❷　1440.0　270.0 | |
| ❸　480.0　810.0 | ❹　1440.0　810.0 | |
| | | 1920.0　1080.0 |

💡 1つのフレームは50%のサイズにスケール
を縮小しています。[位置] は縮小表示したとき
のフレームの中央をどの座標に表示するかを示
しています。

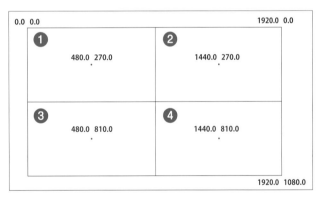

# エフェクトを一部にだけ適用しよう

クリップに設定するビデオエフェクトは基本的にフレーム全体に適用されますが、
マスク機能を利用すると、フレームの一部にだけエフェクトを適用させることができます。

BEFORE　ビデオエフェクト適用前

AFTER　暖炉の炎以外に［モノクロ］を適用

## マスクを設定してフレームの一部にエフェクトを適用する

① トラックに配置したクリップに対して、ビデオエフェクトの［モノクロ］を適用します❶。

💡 エフェクトの適用は、選択したエフェクトをクリップ上にドラッグ＆ドロップする方法、あるいはトラックのクリップを選択した状態で、エフェクト名をダブルクリックして適用する方法などがあります。詳しくは106ページを参照してください。

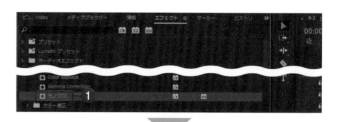

［モノクロ］が
適用された

**②** エフェクトを設定したクリップをクリックして［ソースモニター］パネルの［エフェクトコントロール］パネルを表示し、適用された［モノクロ］を確認します。ここに、［楕円形マスクの作成］ 、［4点の長方形マスクの作成］ ■［ベジェのペンマスクの作成］ ✑という3つのマスクがあります。［4点の長方形マスクの作成］ ■をクリックすると**①**、［プログラムモニター］パネルにマスクが表示されます。

**③** ［プログラムモニター］パネルに表示されたマスクの四隅には、■のハンドルが表示されているので、暖炉の火の部分にエフェクトが適用されるようにドラッグして、サイズを調整します**①**。

**④** ［モノクロ］のオプションの［マスクの拡張］に［反転］のチェックボックスがあるので、クリックしてオンにします**①**。これで、モノクロの適用範囲が反転されます。

# エフェクトにアニメーションを設定しよう

Premiere Proで設定したビデオエフェクトなどのエフェクトには、アニメーションを設定できます。
レンズフレアの光源を移動するアニメーションを作成してみましょう。

BEFORE　光源を追加した状態

AFTER　光源が移動した

## エフェクトにアニメーションを設定する

① シーケンスに配置したクリップに、ビデオエフェクトの[レンズフレア]を設定します❶。

💡 エフェクトを適用するには、選択したエフェクトをクリップ上にドラッグ＆ドロップする方法、あるいはトラックのクリップを選択した状態で、エフェクト名をダブルクリックして適用する方法などがあります。詳しくは106ページを参照してください。

[レンズフレア]が設定された

アニメーションを設定する前に、アニメーション作成のための5つのポイントを紹介します。このポイントを守れば、必ずアニメーションを作成できます。なお、時間の設定と位置の設定はどちらが先でもOKです。

❶アニメーション開始の時間を決める

❷アニメーション開始の位置、状態を設定する

❸アニメーションをオンにする

❹アニメーション終了の時間を決める

❺アニメーション終了の位置、状態を設定する

> 💡 [開始]と[終了]は、どちらが先でも問題はありません。たとえば❹❺、❸、❶❷の順でも大丈夫です。

③ 最初に、アニメーションの開始時間を決めます。シーケンスのクリップを選択して[ソースモニター]パネルの[エフェクトコントロール]パネルを表示し❶、タイムラインにある再生ヘッドを左端に移動します❷。ここが0秒の位置になります。

> 💡 [エフェクトコントロール]パネルの設定領域とタイムライン領域の境界は、マウスで左右にドラッグしてサイズを変更できます。タイムラインの領域を広げると、作業がしやすくなります。

④ 次に、アニメーション開始の位置、状態を設定します。[レンズフレア]のオプション[光源の位置]のX座標、Y座標を調整し❶❷、光源をアニメーションが開始する位置に合わせます。

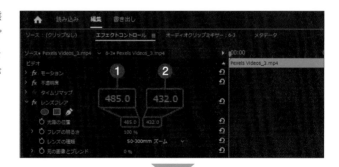

アニメーションの開始位置に光源を合わせる

**⑤** アニメーションをオンにする設定を行います。アニメーションは、アニメーションさせたいオプション[光源の位置]の先頭にあるストップウォッチをクリックしてオンにします**❶**。オンになるとストップウォッチが青色に変わり、タイムラインにはキーフレーム🔶が表示されます。

**⑥** アニメーションをオンにしたら、アニメーション終了の時間を決めます。[エフェクトコントロール]パネルの再生ヘッドをドラッグして、アニメーションが停止する位置に合わせます**❶**。ここでは約5秒の位置に合わせています。

**⑦** 最後に、アニメーションが終了するときの位置、状態を設定します。[レンズフレア]のオプション[光源の位置]のX座標、Y座標を調整します**❶❷**。このとき、タイムラインには自動的にキーフレーム🔶が設定されます。[プログラムモニター]パネルで、光源の移動先を確認してください。

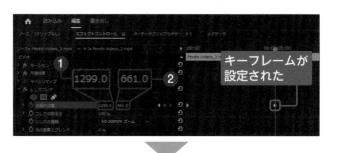

「キーフレーム」は、「キー」となる「フレーム」という意味です。ここでは、再生ヘッドがある位置のフレームに「アニメーションを開始する」という「命令」を埋め込んだフレームということになります。キーフレームというのは、何かアニメーションのための命令が書き込まれているフレームと考えればよいでしょう。

アニメーションをプレビューします。[エフェクトコントロール] パネルの再生ヘッドを左端の0秒の位置まで戻し❶、再生ヘッドをドラッグするか [プログラムモニター] パネルで再生してアニメーションを確認してください。

## キーフレームの移動

手順⑦の操作で設定したキーフレームは、ドラッグして左右に移動できます。このとき、左方向に移動、すなわち、スタート位置近くに移動させれば、光源の移動は速くなりますし、逆に右方向にドラッグすると終了時間が遅くなるので、光源がゆっくりと移動することになります。

# ぼかした一部をトラッキングで
# 追跡しよう

エフェクトのマスク機能を利用すると、動いている被写体の一部にエフェクトを適用し、その動き
を追尾するアニメーションが作成できます。

**BEFORE** マスク設定前

**AFTER** 被写体にマスクを設定し、その動きを追尾するアニメーションを作成

## 動く被写体にトラッキングを設定する

① トラッキングによるアニメーションを設
定するクリップをシーケンスに配置し
❶、［プロジェクト］パネルの［エフェク
ト］パネルから［ビデオエフェクト］→［ブ
ラー＆シャープ］→［ブラー（ガウス）］を
選択して設定します❷。

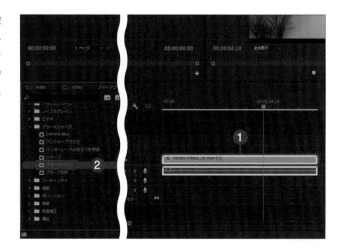

トラッキングを開始する位置を見つけます。画面にある右上に置かれた星形のアイテムをぼかしてトラッキングさせたいので、エフェクトを設定したクリップをクリックし❶、[ソースモニター] パネルの [エフェクトコントロール] パネルの再生ヘッドをドラッグして❷、被写体から人の手が離れたあたりをトラッキングの開始位置とします。

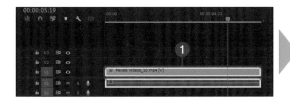

③ [ブラー (ガウス)] のオプションの [ブラー] のパラメーターが [0.0] なので、数値を大きく変更します (ここでは92.0) ❶。これにより、[プログラムモニター] パネルの映像にボケが反映されます。

④ [ブラー (ガウス)] の [楕円形マスクの作成] ■をクリックして❶、表示されるマスクのハンドルをドラッグし、被写体が隠れるように位置とサイズを調整します❷。

**⑤** マスクオプション［マスクパス］の右に並んでいるボタンの中から、［選択したマスクを逆方向にトラック］◀をクリックします**❶**。

**⑥** トラッキングが実行されます。進行状況を示すダイアログボックスが表示され、トラッキングが終了すると、タイムラインに白いラインが表示されます。これはラインではなく、キーフレームが集まったものです。ズーム操作すると、キーフレームが確認できます。

💡 トラッキングを再生する方向（右方向）に行うことを「順方向のトラッキング」、巻き戻しの方向に行うトラッキングを「逆方向のトラッキング」といいます。ここでは、逆方向のトラッキングを行いました。

ズーム操作で確認

### ✏️「トラッキング」とは

「トラッキング」には「追尾」という意味があります。動く被写体を追いかけることから、このような機能名が設定されているのでしょう。この機能には、たとえば歩いている人の顔をぼかして肖像権を守る、あるいは走っている車のナンバーをぼかして個人情報を守るといった利用方法があります。

キーフレーム

**⑦** 再生して確認すると、被写体が出てくる前の間、マスクのボケが表示されています。これを消してみましょう。人の手が出てくるあたりに再生ヘッドを合わせます**❶**。合わせたら、［マスクの不透明度］のストップウォッチをクリックしてアニメーションをオンにします**❷**。タイムラインにはキーフレームが設定されます。

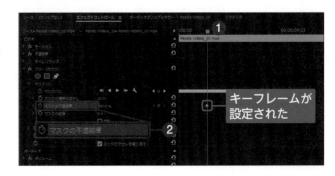

キーフレームが設定された

［マスクパスの不透明度］とは

［マスクパスの不透明度］機能を利用すると、ボケた被写体が徐々に現れるという効果を設定することができます。

⑧ 再生ヘッドを一番左端まで移動し❶、
［マスクの不透明度］のパラメーターをス
クラブなどで［0.0%］に変更します❷。
これで、手が出てくるまでのぼけ具合が
緩和されます。

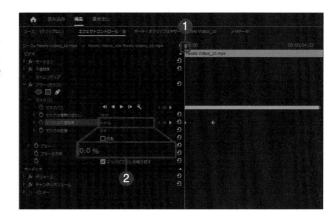

 マスクの境界をぼかす

手が表示されているとき、マスクの境界が
クッキリとわかります。これを緩和するには、
マスクのオプションの［マスクの境界のぼか
し］のパラメーターを調整します❶。

輪郭がぼんやりと修正された

# スローモーションを
# かんたんに設定しよう

Premiere Proには、スローモーションをかんたんに設定する機能があります。
なめらかな動きではありませんが、ちょっとしたアクセントに利用できます。

## ［レート調整ツール］を利用する

**①** スローモーションで表示させたい動画を、シーケンスに配置します**①**。ここでは、サンプルファイルの［Pexels Videos_2.mp4］を配置しています。カメラの動きと同時に、水が流れる映像の動画です。

**②** ［ツール］パネルの［リップルツール］◀▶を長押しして**①**、［レート調整ツール］⏱をクリックします**②**。

💡 シーケンスに配置したクリップは、トリミング前だと、現在のデュレーションより長くすることはできません。しかし、［レート調整ツール］を利用すれば、現在のデュレーションよりも長くすることができます。

［レート調整ツール］でクリップの終端
を右方向にドラッグして、デュレーショ
ンを長く変更します❶。

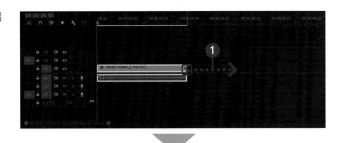

デュレーションが
長くなった

 デュレーション変更したクリップを再生
すると、スローモーションが設定されて
います。

💡 ［レート調整ツール］のトリミングの際、左
方向にドラッグすると、デュレーションを短く
することができます。この場合、早送り状態に
設定されます。

スローモーションで再生される

✏️ きれいなスローモーションを作るには

なめらかな動きのスローモーションを作成するには、撮影時にカメラ側での設定が必要です。たとえば、フレームレート
を60fpsに設定して撮影し、Premiere Proのシーケンスを29.97fpsに設定します。この場合、撮影した60fpsでは1秒が60
フレームで再生されますが、シーケンスでは、60フレームを2秒で再生し、1/2倍速のスローモーションになります。
240fpsなどで撮影できれば、きれいなスローモーション動画が作成できます。

# モーショングラフィックスを
# 作成しよう

テキストを利用したかんたんなモーショングラフィックスであれば、Premiere Proのエフェクト
設定で作成できます。モーショングラフィックスをメインタイトルで作成してみましょう。

Premiere Proで作成するモーショングラフィックス

## テキストを入力する

① メインタイトルとなるテキストを作成します。画面のテキストは、Chapter 4で作成したものと同一です。文字色や縁取り、シャドウなどは自由に変更してください。

💡 「モーショングラフィックス」とは、テキストや画像、図形、オーディオなどを、単独、あるいは組み合わせて作成するアニメーションのことを指します。

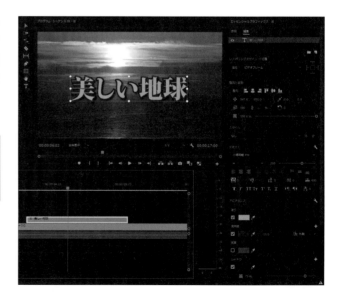

② シーケンスで作成したテキストクリップ
をクリックし❶、［ソースモニター］パ
ネルの［エフェクトコントロール］タブ
をクリックして❷、［エフェクトコント
ロール］パネルを表示します。

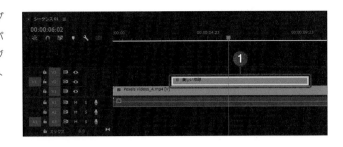

③ 入力したテキストは、［エフェクトコン
トロール］パネルに［テキスト］として登
録されています。このオプションに、マ
スクの作成ボタンがあるので、［4点の
長方形マスクの作成］■ をクリックしま
す❶。

④ ［プログラムモニター］パネルのテキス
ト上に、長方形のマスクが設定されます。
マスクが設定されると、マスクの中にの
み、テキストが表示されます。四隅のハ
ンドルをドラッグして、文字全体が表示
されるように調整します❶。

マスクを広げて文字全体を表示した

⑤ [エフェクトコントロール] パネルを下にスクロールして❶、テキストの [トランスフォーム] を表示させます❷。

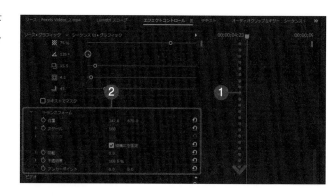

⑥ 189ページにある、アニメーション5つのポイントにしたがって、アニメーションを設定します。再生ヘッドをタイムラインの左端にドラッグして移動します❶。これがアニメーション開始の時間になります。

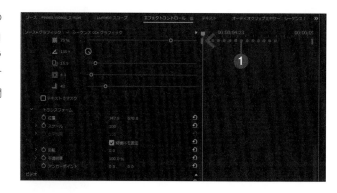

⑦ [位置] のパラメーターは2つあります。そのうち右側のY座標のパラメーターを変更し❶、テキストをマウスポインターの外に移動させて見えなくなるように調整します❷。

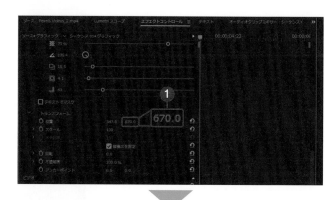

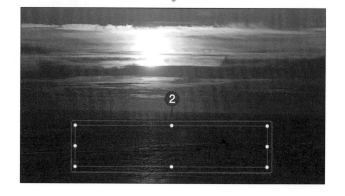

⑧ ［トランスフォーム］の［位置］の先頭に
あるストップウォッチをクリックしてオ
ンにします❶。このとき、タイムライン
にはキーフレーム◆が設定されます❷。

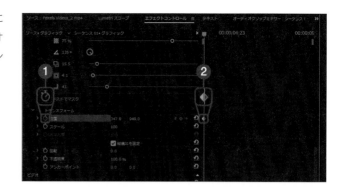

⑨ 再生ヘッドを右方向にドラッグして移動
し、アニメーションが終了する時間に合
わせます❶。

⑩ ［位置］のY軸のパラメータを調整し❶、
テキストを表示します❷。このとき、
タイムラインにはキーフレームが設定さ
れます❸。これでアニメーションは完
成です。

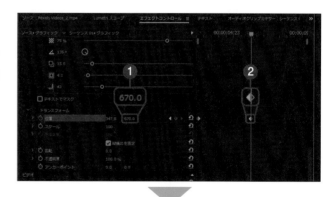

# 文字起こし機能で
# 動画の会話をテキストにしよう

Premiere Proの大変便利な機能の1つが、文字起こしです。文字起こし機能では、インタビューなど
会話の動画から、会話部分をテキストに変換してくれます。

## 会話の音声をテキストデータに変換する

1 サンプルファイルの [Reading.mp4] を [プロジェクト] パネルに読み込み、プロジェクトパネルの [新規項目] ア
イコン上にドラッグ＆ドロップします❶。シーケンスを作成しながらクリップが配置されます❷。

2 [ソースモニター] パネルで [テキスト]
タブをクリックして❶ 、[テキスト] パ
ネルを表示し、[文字起こし] タブをク
リックします❷。なお、パネルに自動
文字起こしを有効にするかどうか確認
メッセージが表示された場合は、[自動
文字起こしを有効にする]をクリックし
ます❸。

💡 [テキスト] タブがない場合は、メニュー
バーから [ウィンドウ] → [テキスト] を選択し
ます。

③ 環境設定の[文字起こし]パネルが表示されるので、利用状況に応じて設定します。右の画面のように設定すると、一般的に利用しやすい設定になります。設定できたら、[OK]をクリックします❶。

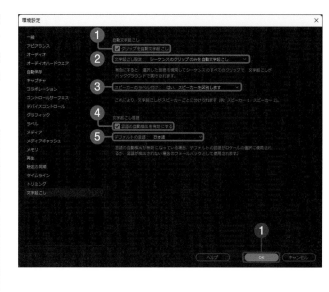

| ❶クリップを自動文字起こし | オン |
|---|---|
| ❷文字起こし設定 | シーケンスのクリップのみを自動文字起こし |
| ❸スピーカーのラベル付け | はい。スピーカーを区別します |
| ❹言語の自動検出を有効にする | オン |
| ❺デフォルトの言語 | 日本語 |

④ 手順③の操作で[クリップを自動文字起こし]や[言語の自動検出]を有効にしなかった場合、[文字起こし]パネルに[文字起こし開始]が表示されるのでクリックします❶。[ソースメディアの文字起こしを作成]ダイアログボックスが表示されたら、必要に応じて設定を行い[文字起こし開始]をクリックします❷。
なお、環境設定での設定内容によっては、ダイアログボックスが表示されずに、自動的に文字起こしが開始されます。

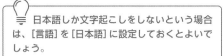
日本語しか文字起こしをしないという場合は、[言語]を[日本語]に設定しておくとよいでしょう。

⑤ 文字起こしが終了すると、[ソースモニター]パネルにテキストが表示されます。テキストをダブルクリックすると、修正が行えます。文字起こしの結果をテキスト等で保存したい場合は、テキスト表示画面の右にある[・・・]をクリックし、保存方法を選択します❶。

ステップアップした編集テクニックを利用しよう

6

# 文字起こししたテキストを
# キャプションに変更しよう

文字起こしで抽出されたテキストはそのままでも利用可能ですが、キャプションに変更すると、
シーケンスの会話の位置にテキストを配置して、テキストを表示できます。

**BEFORE** キャプション表示前　　　**AFTER**　　キャプション表示後

夜の軽便鉄道のちいさな黄色の電灯の並んだ

## テキストデータをキャプションに変更してモニターに表示する

**1** 202ページでテキスト変換されたデータ
は、再生すると会話部分のテキストがハ
イライト表示されます。このテキスト
データをキャプションに変更するため、
ツールバーの[キャプションの作成]　cc
をクリックします**①**。

💡 サンプルファイルのプロジェクトファイル
[6_08.prproj]では、[テキスト]タブで[テキ
スト]パネルを開き、[文字起こし]タブをクリッ
クすると、文字起こししたテキストが表示され
ます。

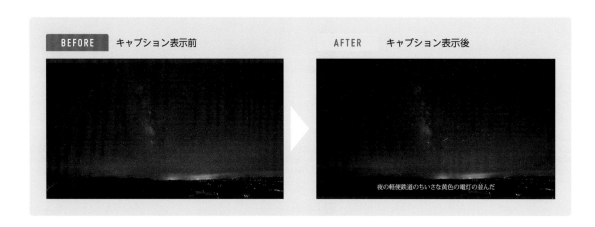

② ［キャプションの作成］ダイアログボックスが表示されるので、［キャプションの作成］をクリックします❶。

💡 ［キャプション環境設定］の頭にある矢印をクリックすると、さらに詳細な設定オプションが表示されます。通常は、デフォルト（初期設定）のままでOKです。

③ キャプションが作成されました。キャプションは、会話ごとに分割されて表示されます。また、［タイムライン］パネルにはテキスト専用のトラックが追加されています。このとき、会話は音声の位置に対応した位置に表示され、モニターにも同時に表示されます。

💡 キャプションとして設定したテキストは、テキストやCSV、SRT（字幕）などのファイルとして出力できます。パネル右上の［…］をクリックし、表示されたメニューから［書き出し］をクリックします。

# 表示されたキャプションを修正しよう

文字起こしでキャプション化されたテキストは、テキスト内容のほか、文字サイズや
フォントなども修正できます。修正するには［エッセンシャルグラフィックス］パネルを利用します。

## キャプションを修正する

**1** 文字起こしのテキストは、文字起こしを
した時点でも修正できますが、キャプ
ションを設定した後に［ソースモニター］
パネルの［キャプション］タブからでも
修正可能です。修正したい文字ブロック
をダブルクリックし❶、修正モードに
変更して修正します。

**2** 表示されるキャプションのフォントや文
字サイズを変更します。シーケンスで
キャプション用の橙色のクリップをすべ
て選択します❶。

> 💡 キャプショントラックをビデオトラックに
> 変換することもできます。キャプションを選択
> して、メニューバーの［グラフィックとタイト
> ル］→［キャプションをグラフィックにアップグ
> レード］をクリックします。キャプションがビ
> デオトラックに再配置され、メインタイトルな
> どと同様に通常のテキストクリップとしても編
> 集できるようになります。

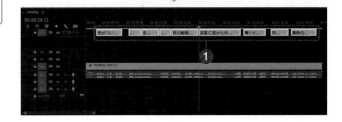

**3** シーケンスでキャプションクリップのど
れかをダブルクリックすると❶、［エッ
センシャルグラフィックス］パネルが表
示されます。［編集］タブをクリックし
て❷、修正用オプションを表示します。

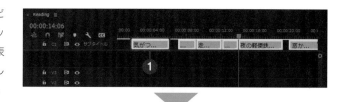

**4** キャプションのフォントやサイズを変更
します❶。変更方法は、Chapter 4で作
成したメインタイトルなどと同じです。

## ✎ テキストの表示位置の変更

テキストの表示位置は、［整列と変形］にある
［ゾーン］のブロックをクリックして変更でき
ます。たとえば上部中央のブロックをクリッ
クすると❶、テキストの表示位置が上部中央
に移動します。

# 複数クリップの音量を
# 均一に調整しよう

トラックに配置した複数のクリップは、どれも音量が異なりバラバラです。このようなときには、
エッセンシャルグラフィックスの機能で、音量を均一に揃えることができます。

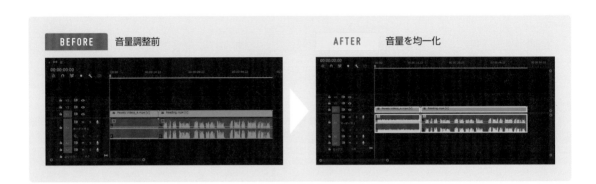

**BEFORE** 音量調整前　　　　　　　　　　　　**AFTER** 音量を均一化

## 複数クリップの音量を均一化する

① 46ページを参考に、サンプルファイル
の [Pexels Videos_4.mp4] と [Reading.
mp4] をシーケンスに配置します ❶。
[A1] トラックのトラックヘッダーの何
もない箇所をダブルクリックすると ❷、
それぞれ音声データの波形を確認できま
す。この場合、[Pexels Videos_4.mp4]
の波形は小さく、[Reading.mp4] の波形
は大きいことが確認できます。

💡 サンプルファイルの提供にご協力いただい
た、Pexelsの動画データの場合、音声トラック
はあっても音声データがないケースがありま
す。本書の動画サンプルでも音声データのない
ものが多いので、利用する場合には注意してく
ださい。

❷ 波形が小さい　　　波形が大きい

②　[ワークスペース]■をクリックし❶、メニューから[オーディオ]を選択して切り替えます。画面の右側には、[エッセンシャルサウンド]パネルが表示されます。ワークスペースを切り替えたら、シーケンスのクリップをすべて選択します❷。

💡　複数のクリップがある場合、音量を均一化したいクリップをすべて選択します。

[エッセンシャルサウンド]パネルが表示される

③　エッセンシャルサウンドの[編集]タブをクリックし❶、[会話]→[ラウドネス]をクリックすると❷、[自動一致]が表示されるのでクリックします❸。

💡　「ラウドネス」とは、「音の大きさ」「音の強さ」のことを指します。

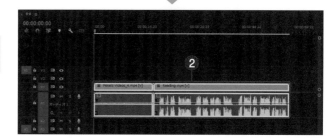

④　シーケンスに配置しているクリップの音量が、それぞれ同じくらいの音量に自動調整されます。

同じくらいの音量に自動調整された

## 🖊 手動で行う「ノーマライズ」

Premiere Proの[エッセンシャルサウンド]パネルでは、[ラウドネス]というオプションに音量均一化のボタンが搭載されています。しかし、動画編集では、クリップの音量を均一化する処理のことを「ノーマライズ」と呼んでおり、Premiere Proには、手動でノーマライズを行う機能も搭載されています。複数選択したクリップを右クリックし、[オーディオゲイン]をクリックします。ここにノーマライズを行うためのオプションが用意されています。たとえば、[すべてのピークをノーマライズ]を選択し、平均化したいレベルをdBで指定して実行します。dB数値によるレベルの指定等がわからない場合は、上記の[自動一致]を利用しましょう。

# オーディオミキサーで
# 音量を調整しよう

シーケンスに配置したクリップの音量を、クリップ単位で調整、トラック単位で調整する場合、
ミキサーを利用すると、視覚的に音量調整ができます。

## オーディオクリップミキサーで音量を調整する

**①** クリップの音量調整については、172
ページでラバーバンドを利用した方法を
紹介しています。ビギナーには利用しや
すい方法ですが、「オーディオクリップ
ミキサー」を利用して調整することも可
能です。シーケンスで音量調整したいク
リップをクリックし**①**、[ソースモニ
ター] パネルの [オーディオクリップミ
キサー] タブをクリックすると**②**、[ミ
キサー] パネルが表示されます。

💡 [オーディオクリップミキサー] タブがない
場合は、メニューバーから [ウィンドウ] → [オー
ディオクリップミキサー] をクリックします。

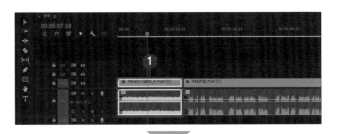

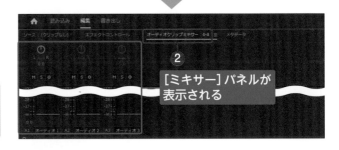

[ミキサー] パネルが
表示される

**②** 「フェーダー」と呼ばれるスライダーを
上下させて音量を調整します。ここでは
オーディオトラックの [A1] にクリップ
を配置しているので、オーディオクリッ
プミキサーの [A1 [オーディオ1]] の
フェーダーを利用します**①**。

💡 クリップを再生すると、オーディオメーター
に音量がグラフで表示されます。これを見なが
ら音量を調整します。フェーダーは、上方向に
ドラッグすると音量が上がり、下方向にドラッ
グすると音量が下がります。同時に、レベルメー
ターのグラフも音量に合わせて変化します。

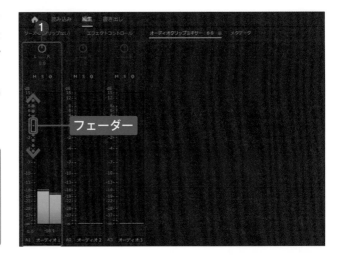

フェーダー

# オーディオトラックミキサーで音量を調整する

① トラックごとの音量調整は、[オーディオトラックミキサー] で行います。トラックミキサーは、メニューバーから [ウィンドウ]→[オーディオトラックミキサー] をクリックして表示します。なお、[オーディオトラックミキサー] を選択する際にシーケンス名が表示されるので、対象のシーケンス名をクリックしてください。

💡 オーディオトラックミキサーによる音量調整では、シーケンスのクリップを選択しておく必要はありません。

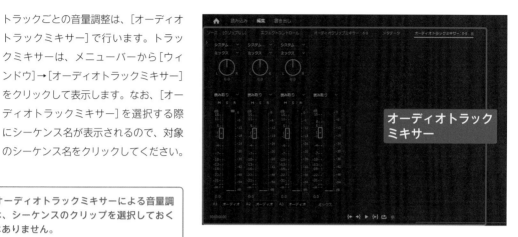

オーディオトラックミキサー

② [A1] トラックの音量を調整したい場合は、[A1 [オーディオ]] のフェーダーを操作します。クリップミキサーと同様にフェーダーを上方向にドラッグすると音量が上がり、下方向にドラッグすると音量が下がります❶。同時に、レベルメーターのグラフも音量に合わせて変化します。

💡 音量調整する場合、レベルメーターが一番上に達し、赤く表示されないように注意してください。赤いマークを「クリッピングインジケーター」といい、音割れやひずみの原因になります。

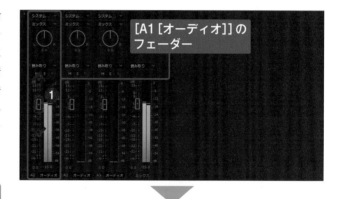

[A1 [オーディオ]] のフェーダー

クリッピングインジケーター

## ✏️ 「ミックス」とは

「ミックス」は、各トラックの音量をまとめて操作できます。たとえば、映像の音声は [A1] トラック、BGMを [A2] トラックに配置した場合、オーディオトラックミキサーの [A1] で音声の音量単体、[A2] でBGMの音量単体、そして [ミックス] で音声とBGMの音量をまとめて調整できます。

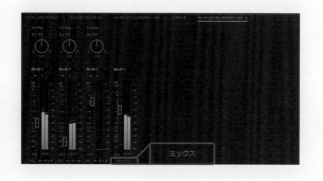

ミックス

# 動画の色合いを自動調整しよう

動画を撮影した際、ライトなど光の影響で、映像の色が赤系あるいは青系に偏っていることがあります。これらを調整して色補正するのが、「ホワイトバランス調整」です。

BEFORE　ホワイトバランス調整前

AFTER　ホワイトバランス調整後

## 動画の色合いを調整する

**1** 色補正したいクリップをシーケンスに配置し、ワークスペースを [カラー] に変更して [Lumetriカラー] パネルを表示します❶。シーケンスのクリップをクリックし❷、[基本補正] をクリックしてオプションを表示します❸。なお、ここでの映像は、青色から緑色にやや色かぶりしています。

青色から緑色に
やや色かぶりしている

② ［ホワイトバランス］のスポイト  をク
リックします❶。マウスポインターが
スポイトに変わるので、白部分を白色に
表示させたい位置でクリックします❷。
これで、色かぶりが補正されます。

💡 「ホワイトバランス」とは、白を白色として
表示するように調整することをいいます。映像
の中の「白」の部分が白く表示されれば、他の色
もそれぞれ本来の色で表示されます。そのため、
スポイトで白として表示する部分をピックアッ
プし、補正しています。
なお、映像内に白い部分がない場合は、白に近
い色の部分を選択して全体のバランスを、下の
③の操作で調整します。

③ さらに［ホワイトバランス］にある［色温度］と［色かぶり補正］のスライダーを調整し、色を整えます❶。必要に
応じて、［ライト］にある［露光量］や［コントラスト］、［ハイライト］、［シャドウ］などのオプションも調整して
色を整えます❷。

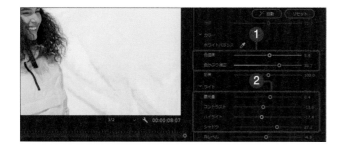

### ✏️ ［色温度］と［色かぶり］

［色温度］とは、光の色味のことで、スライダーによって寒色系、暖色系に調整できます。
［色かぶり］とは、色調のが特定の色に偏っていることで、スライダーによって、緑を加えたり、マゼンタを加えたりする
ことで色の偏りを補正します。

# 動画の明るさを調整しよう

利用する動画データの明るさが暗すぎる、または明るすぎるといった場合は、
「Lumetri（ルメトリ）カラー」で明るさを調整します。

BEFORE　露光量の調整前　　　　AFTER　　露光量の調整後

## 動画の明るさを調整する

**1**　シーケンスに明るさを調整したいクリップを配置し**❶**、［ワークスペース］**▣**をクリックして**❷**、［カラー］をクリックします**❸**。

💡 明るさの調整は、212ページのホワイトバランスなどの調整後に行います。

② ワークスペースが [カラー] に切り替わると、右に [Lumetriカラー] パネルが表示されます❶。シーケンスのクリップをクリックし❷、[基本補正] をクリックしてオプションを表示します❸。

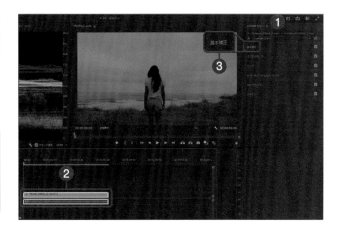

💡 [Lumetriカラー] パネルは、ワークスペースを切り替えなくても表示できます。[Lumetriカラー] パネルを表示するには、メニューバーから [ウィンドウ] → [Lumetriカラー] をクリックします。

③ [基本補正] のオプションに [ライト] というカテゴリーがあり、ここに [露光量] が表示されています。明るさを調整する場合は、このスライダーを左右にドラッグして調整します❶。スライダーを左方向にドラッグすると暗く、右方向にドラッグすると明るくなります。これで、フレームが明るく修正されます。

💡 設定値を元に戻す場合は、[リセット] をクリックします。

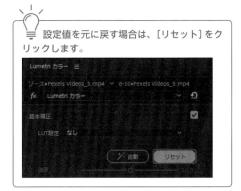

フレームが明るく修正される

④ [露光量] で明るさの調整ができたら、[コントラスト]、[ハイライト]、[シャドウ] を調整し、バランスを整えます。[露光量] の調整と合わせることで、明るさの調整が完了します❶❷❸。

💡 手順④で調整する3種類のオプションは、次のような機能を備えています。
コントラスト：明るい部分と暗い部分の差をはっきりと調整します
ハイライト　：映像の明るい部分のみを調整します
シャドウ　　：映像の暗い部分のみを調整します

# 特定の色を別の色に変更しよう

特定の色を別の色に変更すると、イメージをガラリと変更することができます。
また、同じ映像で色パターンの違うものを作成して楽しむことができます。

BEFORE　色変更前　　　　　　　　AFTER　　色変更後

## 動画の特定の色を変更する

① 色を変更したいクリップをシーケンスに
配置してワークスペースを [カラー] に
変更し、[Lumetriカラー] パネルを表示
します❶。シーケンスのクリップをク
リックして❷、カテゴリーの [カーブ]
をクリックします❸。

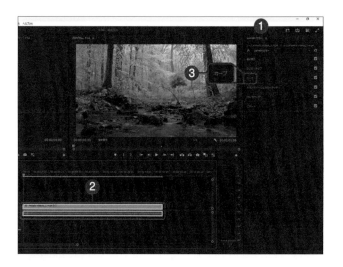

**②** ［カーブ］のオプションが表示されたら、パネルをスクロールして［色相 vs 色相］を表示します❶。右にあるスポイト  をクリックして❷、［プログラムモニター］パネル上で色を変更したい部分をクリックします❸。クリックすると、［色相 vs 色相］のレインボーラインに3つのハンドルが表示されます。

💡 ［色相 vs 色相］の［vs］は、一般的には「versus」（対比、〜対）の略ですが、ここで利用しているvsは、「色相を色相で変える」という意味で使われています。

ハンドルが表示される

**③** 3つのハンドルのうち、中央のハンドルを上下にドラッグします❶。下方向にドラッグするとちょっと幻想的な風景に変わり❷、上方向にドラッグすると一気に紅葉の風景に変わります❸。

紅葉の風景に変化した

6

ステップアップした編集テクニックを利用しよう

# 特定の色だけを残して
# モノクロにしよう

映像の中で、特定の色だけを残し、他の色をモノクロに変更するエフェクトがあります。
利用するのは、ビデオエフェクトの「色抜き」です。

BEFORE 色抜き前

AFTER 色抜き後

## 動画の特定の色以外をモノクロにする

 色抜きをしたいクリップをシーケンスに
配置します❶。[プロジェクト]パネル
の[エフェクト]タブをクリックして[エ
フェクト]パネルを表示し❷、[ビデオ
エフェクト]→[旧バージョン]→[色抜
き]をシーケンス上のクリップにドラッ
グ&ドロップします❸。

💡 [エフェクト]パネルは、ワークスペースを
[エフェクト]に切り替えても利用できます。

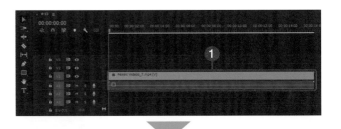

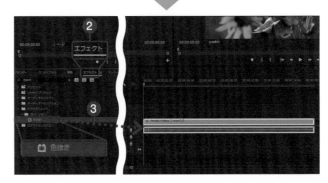

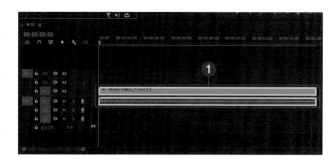

② エフェクトを設定したクリップをクリックし❶、[ソースモニター] パネルの [エフェクトコントロール] タブをクリックします❷。[色抜き] が登録されているので、オプションの [保持するカラー] のスポイト◢をクリックし❸、[プログラムモニター] パネルの色を残したい部分をクリックします❹。

③ オプションの [色抜き量] と [許容量] のパラメーターを変更して調整すると❶ ❷、特定の色だけが残ります。

💡 [色抜き量] では、色をどの程度残すかを設定します。0%ですべての色が表現され、数値が大きくなるほど、色がなくなります。

💡 [許容量] では、残す色の範囲とそうでない色の範囲を設定します。数値が小さくなるほど選択した色だけが残り、数値が大きくなるほどほかの色も残ります。

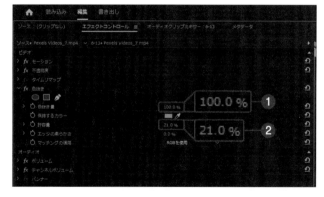

特定の色だけが残った

# 写真と動画を合成しよう

エフェクトの「キーイング」を利用すると指定した色を透明化し、ほかのクリップと合成できます。
ここでは、動画の色を透明化し、写真と合成してみましょう。

**BEFORE** 写真と動画の合成前　　　**AFTER**　　　写真と動画の合成後

## 写真と動画を合成する

① シーケンスの [V1] に写真データ、[V2] に透明化する部分のある動画を配置します❶。なお、写真のクリップは78ページの方法でスケールを調整し❷、ビデオクリップは214ページの方法で明るさなどを調整します❸。

② [プロジェクト] パネルの [エフェクト] タブをクリックして [エフェクト] パネルを表示します❶。[ビデオエフェクト] → [キーイング] → [Ultraキー] を [V2] トラックのビデオクリップにドラッグ＆ドロップします❷。

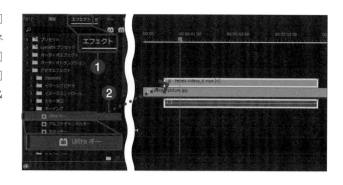

③ [V2] トラックのビデオクリップをクリックして❶、[ソースモニター] パネルの [エフェクトコントロール] タブをクリックします❷。エフェクトの [Ultraキー] が登録されているのでクリックし❸、[キーカラー] のスポイト🖊をクリックして❹、[プログラムモニター] パネルで透明化したい部分をクリックします❺。

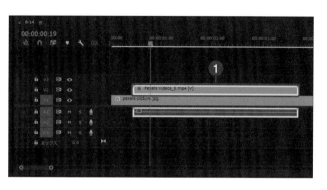

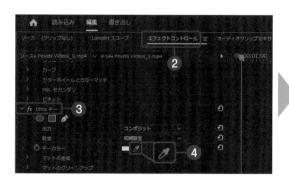

④ さらに、[Ultraキー] の [マットの生成] の✓をクリックしてオプションを展開し、[透明度] と [許容量] を調整します❶❷❸。必要に応じて、他のオプションのパラメーターも調整してください。

💡 [Lumetriカラー] パネルの [基本補正] などのオプションも調整すると、さらにきれいに合成できます。

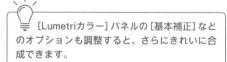

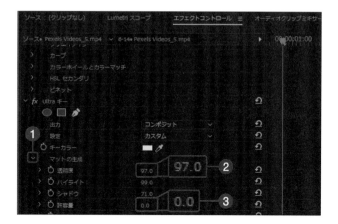

# カラーコレクションとカラーグレーディングの違い

動画編集でのカラー補正には、大きく分けて2つの作業があります。1つがカラーコレクション、そしてもう1つがカラーグレーディングです。

「カラーコレクション」は動画の色を正確に表示させる作業のことをいい、「カラコレ」とも略されます。「ホワイトバランス調整」や「明るさ」の調整などが当てはまります。そして、正確な色で表示できたら、次に行うのが「カラーグレーディング」です。「カラーグレーディング」は映像の色を自分の望む色に調整する作業のことをいい、「カラグレ」とも略されます。

カラー補正では、「カラーコレクション」→「カラーグレーディング」の順番で色を補正すると、希望する色に創作した動画をスピーディーに作成できます。

補正前の動画素材

カラーコレクションで色を正確に表示する

カラーグレーディングで好みのイメージに調整する
（夕方のイメージにカラーグレーディング）

# 編集した動画を
# 出力しよう

Premiere Proで動画ファイルを出力する場合、Premiere Pro自身から出力する方法と、Media Encoderというアプリケーションを利用して出力する方法があります。また、Premiere Proから出力する場合でも、編集中の画面から出力する方法や、出力専用の画面に切り替えて出力する方法があります。

この章で
学ぶこと

# プロジェクトの編集を終えたら
# 動画ファイルとして出力しよう

## ①ファイル形式について理解する

一般的に「動画のファイル形式」と呼ばれているものは、画像
データと音声データを保存して持ち運ぶためのコンテナファイ
ルのことを指します。ここでは、ファイル形式とはどのような
ものなのか確認し、あやふやな理解をきちんと整理します。

📖 動画のファイル形式について確認する

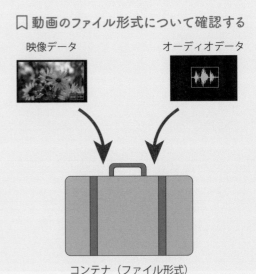

映像データ　　　　　　　　　　　　オーディオデータ

コンテナ（ファイル形式）

## ②［クイック書き出し］でスピーディに出力する

動画ファイルの出力設定は苦手というユーザーでも、
面倒な設定をせずに動画編集画面から動画ファイルを
出力できる機能が［クイック書き出し］です。デフォ
ルトの設定であれば、［書き出し］ボタンをクリック
するだけで動画ファイルを出力できます。

📖 ［クイック書き出し］で動画ファイルを出力する

## ③［書き出し］画面から動画ファイルを出力する

［書き出し］画面では、動画出力に必要なコーデックの選択をはじめ、詳細な出力設定を行って動画ファイルを出力できます。ここでは、もっともオーソドックスな「H.264」というコーデックを使い、最低限知っておきたい出力設定の手順を学びます。

📖 ［書き出し］画面から動画を出力する

## ④Media Encoderを利用して動画ファイルを出力する

Premiere Proで動画ファイルを出力すると、出力している処理中は、編集作業が一切できなくなります。そこで、動画ファイル出力専用のアプリケーション「Media Encoder」を利用すると、出力処理中でも編集作業ができます。ここでは、Media Encoderを利用した基本的な出力方法について学びます。

📖 Media Encoderで動画ファイルを出力する

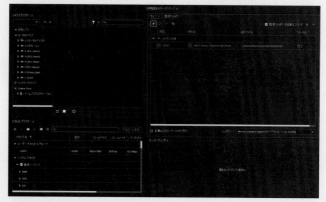

## ⑤Premiere ProからYouTubeにアップロードする

Premiere Proで編集・出力した動画ファイルは、書き出し画面から直接YouTubeにアップロードすることが可能です。YouTubeでの公開に必要なパラメーターの設定や、サムネイルの指定などもPremiere Pro内で処理できます。YouTubeでの動画公開にPremiere Proを利用したいユーザーは必見です。

📖 YouTubeに直接動画をアップロードする

# 動画ファイルについて
# きちんと理解しよう

「動画ファイルって何ですか?」と聞かれて、きちんと答えられるように、動画ファイルについて
理解しておきましょう。動画編集の基本ですが、意外と理解されていないようです。

## 動画ファイルとは

今回、サンプルファイルとして提供している動画ファイル、ファイルの拡張子は「.mp4」です。これをMP4(エム・ピー・フォー)形式の動画ファイルと呼んでいます。そもそも、この動画ファイルって何でしょうか。
動画ファイルとは、「映像データと音声データの入れ物」

です。MP4という形式の動画データだと思われていたかも知れませんが、そうではありません。MP4形式など「○○形式の動画ファイル」というのは、「コンテナ」や「コンテナファイル」とも呼ばれ、映像データと音声データを入れて持ち運ぶための入れ物なのです。

映像データ　　　　　オーディオデータ

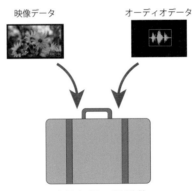

コンテナ（ファイル形式）

映像データと音声データの入れ物だからといって、どのような映像データ、音声データでも入れられるというわけではありません。たとえばMP4形式のコンテナには、特定の方法で圧縮されたデータしか保存できません。Premiere Proで編集した映像データや音声データは、そのままでは巨大なサイズのファイルになってしまいます。そのため、プログラムを使って圧縮しますが、このときに利用するプログラムをコーデックといいます。なお、コーデックは、データを圧縮する「エンコード」処

理と、圧縮したものを元に戻す解凍作業の「デコード」処理があります。

 可逆圧縮と非可逆圧縮

圧縮したものを元に戻すことを「可逆圧縮」、元には戻せない圧縮を「非可逆圧縮」といいます。

MP4などのコンテナには、この圧縮した映像データ、音声データを保存するのですが、MP4は、映像データは、「H.264」（エイチ・ドット・ニーロクヨン）などのコーデックで圧縮したデータしか保存できません。

・映像データの圧縮→H.264

・音声データの圧縮→AAC（Advanced Audio Codingの略：エイ・エイ・シー）

■代表的なコンテナ（動画形式）の種類

MP4、AVI、MOV、MPEG、FLV など

■代表的な動画コーデック

H.264、H.263、MPEG-4、MPEG-1、MPEG-2、Xvid、Divx など

■代表的な音声コーデック

AAC、MP3、AC-3、LPCM、WMA など

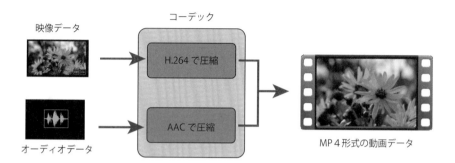

動画の編集で、動画ファイルをシーケンスに配置すると映像データと音声データがビデオトラック、オーディオトラックにそれぞれ配置されます。それは、上記のように2つのデータがコンテナに保存されているからです。

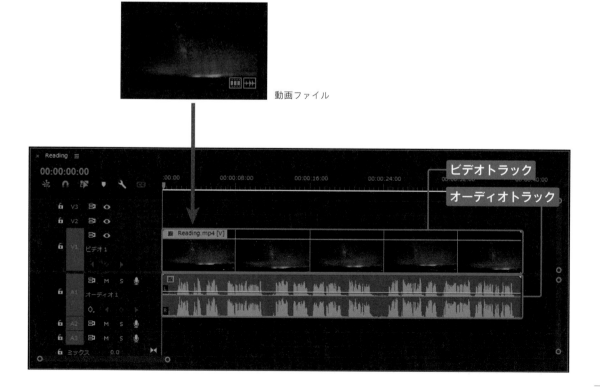

動画ファイル

# Section 02

## クイック書き出しで
## すばやく出力しよう

編集を終えたプロジェクトから動画ファイルを出力したいけれども、
動画出力用の設定がよくわからないという場合は、「クイック書き出し」がおすすめです。

## クイック書き出しで動画ファイルを出力する

**①** シーケンスでプロジェクトの編集を終えて動画ファイルを出力する場合、一般的には[書き出し]画面（230ページ参照）から出力を行いますが、かんたんに動画ファイルを出力したい場合は、[クイック書き出し]を利用します。[シーケンス]タブをクリックして書き出したいシーケンスを選択し**①**、ヘッダーバーの[クイック書き出し] をクリックします**②**。

**②** [クイック書き出し]のウィンドウが表示されます。このメニューで設定するのは、出力する動画ファイルの保存先と、その動画ファイルの画質の2カ所です。

③ 出力する動画ファイルの保存先を変更するには、表示されているファイル名をクリックして❶、保存先のフォルダーを選択し❷、ファイル名を入力して❸、[保存] をクリックします❹。

💡 「プリセット」とは、事前に決められている設定のことです。ユーザーが変更する必要はありません。

④ 画質を変更するには、[プリセット]の▼をクリックしてメニューを表示し❶、画質を選択します。基本的には、[Match Source - Adaptive High Bitrate] を選んでおけば、高画質で出力されます❷。

💡 [その他のプリセット]をクリックすると、表示されているもの以外のプリセットを利用できます。

⑤ 選択したプリセットの設定内容は、❶の位置に表示されています。項目にマウスを合わせると、解説が表示されます❷。これを確認し、[書き出し]をクリックすると❸、動画ファイルが出力されます。

 プリセットの種類

デフォルトで表示されるプリセットは、次の7種類です。なお、[高品質]のプリセットは、フレームサイズが異なります。

Match Source - Adaptive High Bitrate：高画質
Match Source - Adaptive High Bitrate：中画質
Match Source - Adaptive High Bitrate：低画質
高品質 2160p 4K 　　　　　　　：フレームサイズ 3840×2160
高品質 1080p HD 　　　　　　　：フレームサイズ 1920×1080
高品質 720p HD 　　　　　　　：フレームサイズ 1280×720
高品質 480p SD ワイドスクリーン　：フレームサイズ 854×480

Section

# 03

# ［書き出し］画面から
# 動画ファイルを出力しよう

Premiere Proで編集したプロジェクトを出力するための画面が、［書き出し］画面です。
ここでは、この画面から動画ファイルを出力するための機能を解説します。

## ［書き出し］画面の画面構成

| ❶ソース | 動画の出力先を選択します |
|---|---|
| ❷設定 | 動画ファイルの属性を設定します |
| ❸プレビュー | 出力するプロジェクトの内容を、パネル下のコントローラーでプレビューできます |
| ❹範囲 | 動画ファイルとして出力する範囲を選択できます |
| ❺サイズ | フレームサイズを変更して出力する場合、そのフレーム内にきちんと収まるようにフレームサイズを変更してくれます |
| ❻ソース、出力 | ［ソース］では素材の設定を、［出力］では出力される動画の設定を表示しています。ここで、それぞれの設定内容を比較できます |
| ❼Media Encoderに送信 | 出力設定をMedia Encoderに転送します |
| ❽書き出し | Premiere Proから書き出しを行います |

# ［書き出し］画面で動画ファイルを出力する

① ［編集］画面で動画編集が終了したら、出力するシーケンスのタブをクリックして①、ヘッダーバーの左にある［書き出し］をクリックし②、［書き出し］画面に切り替えます。

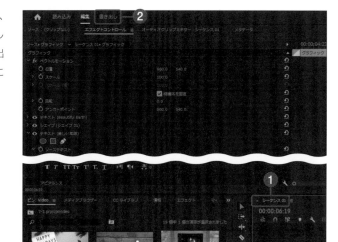

② ［設定］では、ファイル名やファイルの保存先、プリセットなどを設定できます①②③。出力設定をカスタマイズする場合は、［形式］でコーデックを選択し、［ビデオ］などのオプションで詳細を設定します。たとえば、コーデックは［形式］の▼をクリックしてプルダウンメニューから選択できます④。ここでは［H.264］を選択しています⑤。

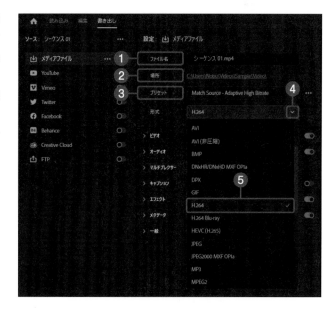

③ ［ソース］では、編集で利用した素材の動画設定が確認できます。［出力］では、これから出力される動画ファイルの設定内容が確認できます。できる限り高画質で出力したい場合は、ソースと同じ設定にしましょう。

④ [書き出し] をクリックすると❶、Premiere Proから書き出し作業が実行されます。おすすめは、左にある [Media Encoderに送信] をクリックして、Media Encoderから出力する方法です（238ページ参照）。

💡 [書き出し] で書き出し作業を開始すると、Premiere Proでの操作ができなくなります。書き出し中も編集作業を行いたい場合は、Media Encoderで書き出しを行ってください。

## [HEVC（H.265）] とは

コーデックの [HEVC（H.265）] は、H.264と比較してファイルサイズが小さく画質も良いことから、次世代コーデックとして期待されています。現在のMacは標準で搭載されていますが、Windowsではまだ標準搭載されていません。そのため、Premiere Pro内では編集／再生ができますが、Windows上では再生できません。

## 2種類の動画ファイルを出力する

たとえば、H.264とH.265で圧縮した動画ファイルを出力したいときは、[メディアファイル] を複製すると、それぞれにコーデックを設定して2つのファイルを出力できます。
[書き出し] 画面で [メディアファイル] の [⋯] をクリックし❶、[複製] をクリックします❷。[メディアファイル] が最下部に複製されるので、出力のスイッチをクリックしてオンにします❸。

[メディアファイル] が複製された

## ほかのマシンで編集を継続する

Premiere Proで動画編集を行った場合、保存したプロジェクトファイルは、WindowsやMacの区別なく、どのマシンでも編集できます。たとえば、Windowsで編集したプロジェクトファイルは、Macでも利用できます。ただし、ほかのマシンで編集を継続する場合、素材データなどが保存されているドライブ名やフォルダー名（パス）が全く同じでないと編集できません。

しかし、［プロジェクトマネージャー］を利用すると、編集したプロジェクトファイルと、利用した素材データなど関連ファイルもすべて1つのフォルダーにまとめて出力されます。出力されたフォルダーを別のマシンにコピーすれば、パスに関係なく、どのマシンでも編集ができるようになります。出力されたフォルダーをZIPなどで圧縮し、インターネット上でほかのマシンに送れば、送り先のマシンで編集が継続できます。

［編集］画面に切り替え、［シーケンス］タブをクリックしてシーケンスを選択します❶。メニューバーの［ファイル］をクリックし❷、［プロジェクトマネージャー］をクリックします❸。［プロジェクトマネージャー］ダイアログボックスが表示されるので、出力したいシーケンスのチェックボックスをクリックしてオンにし❹、［参照］をクリックして保存先を選択し❺、［OK］をクリックします❻。

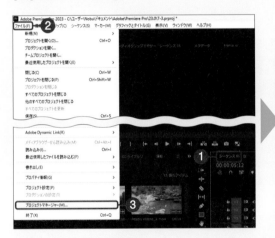
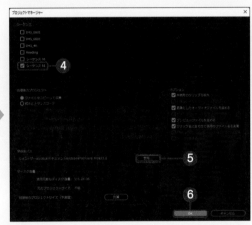

保存先に［コピー_］＋［プロジェクト名］のフォルダーが出力されます。ダブルクリックすると、プロジェクトファイルやシーケンスで利用している動画ファイル、オーディオファイルなどが確認できます。

# YouTube用に動画を出力して アップロードしよう

Premiere Proでは、編集を終えたプロジェクトを、Premiere Proからダイレクトに
YouTubeにアップロードして公開できます。また、サムネイルの出力とアップロードも実行できます。

## YouTubeにログインする

**1** ［編集］画面で出力したいシーケンスを選
択し、［書き出し］画面に切り替えます
❶。ここで、［ソース］にある［YouTube］
のスライドボタンをクリックしてオンに
します❷。

**2** Premiere ProからYouTubeへアップロー
ドするには、YouTubeにログインする必
要があります。［設定］の設定項目が
YouTube用に切り替わっているので、［パ
ブリッシュ］にある［サインイン］をク
リックして❶、YouTubeにログインし
ます。ログイン画面では、メールアドレ
スを入力して❷、［次へ］をクリックし
❸、続けてパスワードを入力して❹、［次
へ］をクリックします❺。

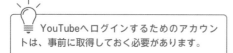
YouTubeへログインするためのアカウン
トは、事前に取得しておく必要があります。

③ チャンネルが複数ある場合は、ブランド
アカウントの選択メニューが表示される
ので、利用するチャンネルをクリックし
ます❶。

④ ログインが完了すると、場合によっては
[日本サイトへ移動]という画面が表示
されます。その場合は、[日本サイトへ
移動]をクリックします❶。

⑤ 動画の公開に必要な、公開情報を設定し
ます❶。

💡 公開情報はYouTube内でも設定できます
が、Premiere Proで設定しておけば、一度の作
業で済みます。

# YouTubeにアップロードして公開する

① アップロードの準備ができたら、画面右下の[書き出し]をクリックします❶。この後、Media Encoderが起動して動画ファイルを出力し、YouTubeへのアップロードのための「エンコード」作業と「アップロード」作業を自動で行ってくれます。

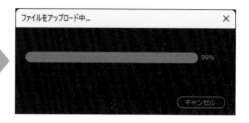

② YouTubeへのアップロードが完了したら、少し時間を置いてからYouTubeで動画を確認します。

③ YouTubeで動画を確認できたら、[設定]にある[サインアウト]をクリックし❶、YouTubeからサインアウトします。

## Premiere Proからサムネイルをアップロードする

YouTubeの利用ユーザーが公開されている動画閲覧する場合、どの動画を見るか選択するときのポイントになるのが、サムネイル(「親指のように小さな画像」という意味)です。サムネイルはYouTube側で自動的に設定されるほか、YouTubeの設定画面でも変更できますが、Premiere Proの[書き出し]でもサムネイルの指定とアップロードが可能です。
動画のアップロード行う前に、[プレビュー]で再生ヘッドを利用したいフレームに合わせます❶。次に、[設定]にある[カスタムサムネール]のプルダウンメニューを表示し、[ソースビデオ内のフレーム]をクリックします❷。続けて[現在のフレームを使用]をクリックします❸。この後に、動画の書き出しを実行します。

また、242ページで解説しているフレームを切り出した画像や、ほかのグラフィックソフトで作成したサムネイルをアップロードしたい場合は、[カスタムサムネイル]で[画像ファイルから]をクリックし❶、[サムネールファイル]で利用するファイルを選択します❷。

# Media Encoderで
# 動画ファイルを出力しよう

「Media Encoder」は、動画ファイルを出力するための専用アプリケーションです。このアプリケーションを用いると、動画ファイルの出力作業中でも、Premiere Proで編集作業を行うことができます。

## Media Encoderで動画ファイルを出力する

①　[編集] 画面で出力したいシーケンスを選択して [書き出し] 画面に切り替えます❶。最初に [ソース] の [メディアファイル] のスイッチをオンにし❷、[ファイル名] と動画ファイルを保存する [場所]、そして画質の [プリセット] などを利用目的に応じて設定します❸❹❺。

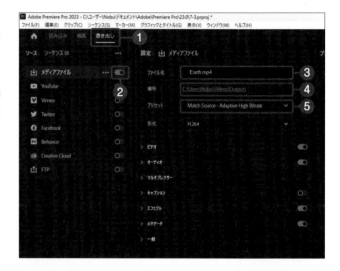

②　[ソース] と [出力] でそれぞれの設定内容を確認し❶、[Media Encoderに送信] をクリックします❷。

Media Encoderが起動します。

💡 Media Encoderは、Premiere Proをインストールすると自動的に一緒にインストールされます。もし、Media Encoderがインストールされていない場合は、「Adobe Creative Cloud」から手動でインストールしてください。

 Media Encoderが起動して画面が表示されると、[キュー]一覧にPremiere Proから転送された設定が登録されています。画面右上にある[キューを開始]▶をクリックします❶。

💡 「キュー」には「出力を待つ列」という意味があります。このキューの一覧には、Premiere Proから複数の出力を登録して、後からまとめて出力できます。

5 動画の出力が開始され、画面下の[エンコーディング]に進行状況が表示されます。動画ファイルが出力されると、キューに[完了]と表示されます。

進行状況が表示される

動画ファイルが出力された

# インスタグラム用に
# 正方形サイズで出力しよう

動画データは、横位置での出力が基本です。「オートリフレームシーケンス」を利用すると、
横位置のフレームを正方形や縦位置に変換して出力できます。

## 正方形サイズで動画ファイルを出力する

① 動画データは、横位置で出力するのが基本です。しかし、SNSのうちインスタグラムでは、動画表示の方法が3タイプあり、フォロワーに配信される動画は正方形が基本です。Premiere Proの［オートリフレームシーケンス］を利用すると、正方形に変換して出力されます。編集を終えたら、出力したいシーケンスを選択し、メニューバーの［シーケンス］をクリックし❶、［オートリフレームシーケンス］をクリックします❷。

② ［オートリフレームシーケンス］ダイアログボックスが表示されるので、［ターゲットアスペクト比］の∨をクリックしてプルダウンメニューを表示し、［正方形1：1］を選択します❶。選択したら、［作成］をクリックします❷。

💡 ［ターゲットアスペクト比］以外のオプションは、デフォルト（初期値）のままでOKです。必要に応じて変更してください。

③ ［プロジェクト］パネルには［オートリフレームシーケンス］のビンが作成され、その中にシーケンスが作成されています。シーケンスには作成されたシーケンスが表示され、［プログラムモニター］パネルには、フレームは1：1の正方形で映像が表示されています。このとき、正方形の中でタイトルなどがきちんと表示されるように、サイズも変更されています。

正方形で映像が表示される

作成したシーケンスが表示される

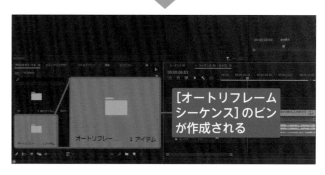

［オートリフレームシーケンス］のビンが作成される

✏️ 縦位置で出力

［ターゲットアスペクト比］には、［垂直方向 9：16］という設定があります。これを選択すると、横位置の動画を縦位置の動画として出力できます。スマートフォン用やデジタルサイネージなどで出力した動画ファイルを利用する場合に便利です。

# 動画のフレームを写真として切り出そう

15ページで、動画は複数の写真を高速に切り替えて表示するアニメーションだと解説しました。
フレームは、1枚の画像データ、すなわち写真データとして出力できます。

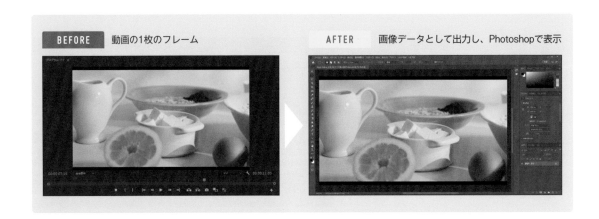

BEFORE　動画の1枚のフレーム　　　　　　AFTER　画像データとして出力し、Photoshopで表示

## 動画のフレームを画像データとして出力する

1 シーケンスで編集中のクリップから、フレームを画像として出力したい位置に再生ヘッドを合わせます❶。[プログラムモニター]パネルでフレームを確認します。

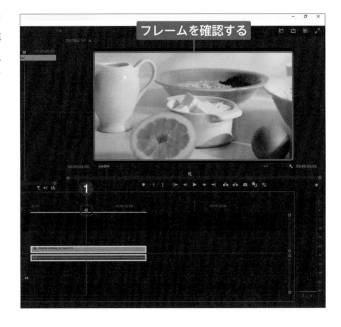

フレームを確認する

② ［プログラムモニター］パネルの下に並んでいるツールボタンの中から、［フレームを書き出し］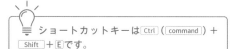をクリックします❶。

💡 ショートカットキーは Ctrl （ command ） + Shift + E です。

③ ［フレームを書き出し］ダイアログボックスが表示されるので、［名前］と［形式］を設定します❶❷。［形式］は、プルダウンメニューから選択できます。切り出した画像データの保存先は、［参照］をクリックして選択できます❸。なお、［プロジェクトに読み込む］をオンにしておくと❹、切り出した画像データをプロジェクトに登録できます。設定できたら、［OK］をクリックします❺。

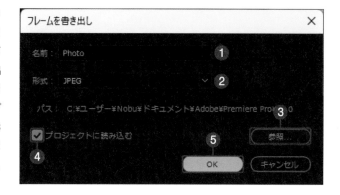

④ 出力された画像データは、5秒のクリップとしてプロジェクトパネルのルートに登録されます。シーケンスには、通常の画像データと同様にドラッグ＆ドロップで配置して利用します。

画像データを表示

クリップとして登録された

画像データとして配置する

# 動画のチェックサービス「Frame.io」

Frame.ioは、Adobe Creative Cloudを利用した動画のチェックサービスです。動画データをCreative Cloudを介して複数の
ユーザーに配信し、配信データを受信したユーザーは、そのデータをチェックして送信元に送り返すことができます。配信
は動画データを送るのではなく、動画データがアップされているURLをユーザーに送り、ユーザーはそのURLにアクセスし
て動画をチェックします。サービスの利用には、配信側はAdobe IDが必要ですが、チェック側はAdobe IDの必要はありません。
なお、チェックする側はPremiere Proなどアプリの必要はなく、Webブラウザーでチェックができます。このチェックペー
ジは手動でメモを記入する機能を備えており、手書きでチェックを入れます。また、チェックはパソコンだけでなく、
スマートフォンでも可能です。
Frame.ioを利用するには、ワークスペースの切り替えメニューから［レビュー］を選択して実行します。

Frame.ioを起動する

動画データを全員で共有する

Webブラウザーでチェックする

スマートフォン
でもチェック可
能

# Appendix

# Premiere ProにAfter Effectsの コンポジションを読み込む

After Effectsで作成したアニメーションデータなどは、
そのままダイレクトにPremiere Proに読み込んで、素材データとして利用できます。

## After Effectsでアニメーションを作成して保存する

① 「Adobe After Effects」(以下「After Effects」)は、テキストアニメーションやキャラクターアニメーション、モーショングラフィックスの制作や、タイトルデザイン、ビジュアルエフェクトの設定などができるアプリケーションソフトです。After Effectsでテキストアニメーションやモーショングラフィックスなどのアニメーションを作成します。ここでは、ラインが中央から左右に延びて、そのラインからテキストがアップしてくるテキストアニメーションを作成しています。

💡 本書ではサンプルファイルとして、ここで作成している [Earth.aep] を提供しています。

② After Effectsでは、[コンポジション]という単位でアニメーションを作成し、これをプロジェクトファイルとして保存します。Premiere Proでいえば、複数のシーケンスをプロジェクトファイルで管理する関係と似ています。

💡 ここでは、1つのアニメーションを[コンポ1]という名前で作成しています。

③ メニューバーの[ファイル]をクリック
し❶、[保存]をクリックします❷。

④ [別名で保存]ダイアログボックスが表
示されます。保存先のフォルダーを指定
し❶、ファイル名を入力して❷、[保存]
をクリックします❸。

💡 ここでは、[After Effects]フォルダーに、
[Earth]という名前を入力して保存します。プ
ロジェクトファイル名は、[Earth.aep]と表示
されます。

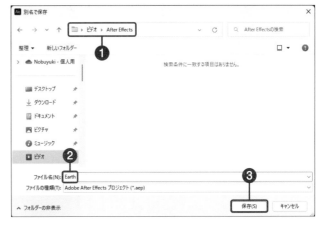

Earth.aep

## Premiere ProでAdobe Dynamic Linkを利用して読み込む

① Premiere Proで編集しているプロジェク
トに、After Effectsで作成したアニメー
ションを、タイトル用の素材として取り
込みます。Premiere Proのメニューバー
の[ファイル]をクリックし❶、[Adobe
Dynamic Link] → [After Effectsコンポ
ジションを読み込み]をクリックします
❷❸。

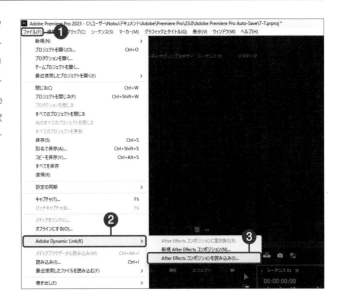

② [After Effectsコンポジションを読み込み] ダイアログボックスが表示されるので、After Effectsで保存したプロジェクトファイルを [プロジェクト：] で探してクリックします❶。[コンポジション：] にコンポジション名が表示されるので、アニメーションを作成した [コンポ1] をクリックし❷、[OK] をクリックします❸。

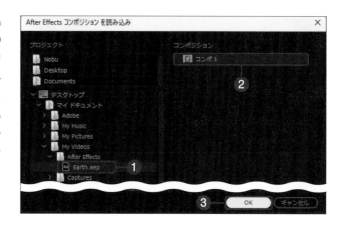

## コンポジションをシーケンスに配置する

① Premiere Proの [プロジェクト] パネルに、コンポジションが素材クリップとして読み込まれ、サムネイルが表示されます❶。[プロジェクト] パネルのAfter Effectsのコンポジションクリップを、シーケンスのタイトルを表示したい位置にドラッグ＆ドロップで配置します❷。

② Premiere Proでプロジェクトを再生して、アニメーションを確認します。

# After Effectsでコンポジションを修正する

 After Effectsの編集画面に切り替えて、コンポジションのテキストを変更したり、シェイプの色を変更したりなど、修正作業を行います。

## 📑 After Effectsでの修正前

BEAUTIFUL
EARTH

## 📑 After Effectsでの修正後

BEAUTIFUL
EARTH

> 💡 After Effectsが起動していない場合は、Premiere Proの[プロジェクト]パネルでAfter Effectsのコンポジションクリップを右クリックし、[オリジナルを編集]をクリックすると、After Effectsが起動します。

 After Effectsで修正作業を行うと、プロジェクトの保存作業などを行わなくても、Premiere Proに修正がダイレクトに反映されます。

A

## 📑 After Effectsでの修正前

## 📑 After Effectsでの修正後

# Appendix
## 02

# Premiere ProからAfter Effectsの
# コンポジションを新規に作成する

ここでは、Premiere ProからAfter Effectsのコンポジションを新規に作成するコマンドを実行し、
After Effectsでアニメーションを作成してPremiere Proに反映させる手順を解説します。

## Adobe Dynamic Linkの［新規After Effectsコンポジション］を利用する

**1** Premiere Proのメニューバーの［ファイル］をクリックし❶、［Adobe Dynamic Link］→［新規After Effectsコンポジション］をクリックします❷。

💡 サンプルファイルの［Mushroom.aep］を利用する場合は、247ページのように、［Adobe Dynamic Link］の［After Effectsコンポジションを読み込み］で読み込んでから252ページの方法で配置してください。

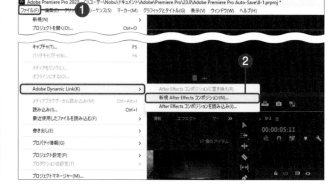

**2** ［新規After Effectsコンポジション］ダイアログボックスが表示されるので、内容を確認して［OK］をクリックします❶。ここでは、シーケンスの設定内容が表示されます。

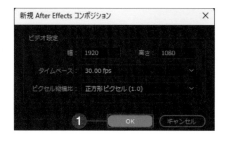

**3** After Effectsが起動し、プロジェクト名入力ウィンドウが表示されます。ファイルの保存先フォルダーを開き❶、プロジェクトファイル名を入力して❷、［保存］をクリックします❸。

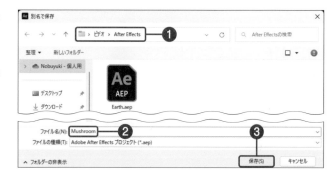

After Effectsでは、シーケンス名で新規コンポジションが自動的に設定されます。

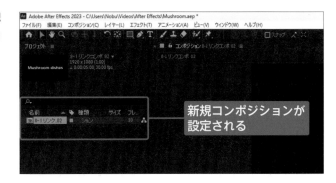

新規コンポジションが設定される

## After Effectsでアニメーションを作成し、Premiere Proのシーケンスに配置する

 ここでは、After Effectsでアニメーションを作成します。ここでは、テキストが1文字ずつ表示されるアニメーションを作成しています（Mushroom.aep）。

 After Effectsでアニメーションを作成したら、プロジェクトファイルを保存してください（246ページ参照）。

A

Premiere Proの［プロジェクト］パネルには自動的にコンポジションクリップが作成され、アニメーションが反映されています。このクリップをドラッグしてシーケンスに配置します❶。

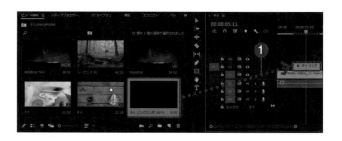

配置したコンポジションクリップをクリックし❶、［エフェクトコントロール］パネルを表示します❷。ここで、［モーション］にある［位置］や［スケール］のオプションを利用します❸❹。

テキストを適当な位置に配置して、アニメーションを確認します。

# 知っていると便利な
# ショートカットキー

Premiere Proでは、非常に多くのショートカットキーが用意されています。
ここでは、知っておくと便利なショートカットキーを厳選して紹介します。

## Premiere Proの便利なショートカットキー一覧

使用しているキーボードによっては、ショートカットキーが異なる場合があります。ショートカットキーの確認や登録は、Windowsの場合はメニューバーの[編集]→[キーボードショートカット]、Macの場合はメニューバーの[Premiere Pro]→[キーボードショートカット]から行えます。

A

### 📖 プロジェクトを開く／閉じる／保存する

| ショートカットキー | 機能 |
| --- | --- |
| Ctrl (command) + O | 開く |
| Ctrl (command) + Shift + W | 閉じる |
| Ctrl (command) + S | 保存 |
| Ctrl (command) + Shift + S | 別名で保存 |
| Ctrl (command) + Alt (option) + S | コピーを保存 |

### 📖 プロジェクトを再生する／全体表示する

| ショートカットキー | 機能 |
| --- | --- |
| J | 逆再生 |
| K | 停止 |
| L | 再生 |
| ¥ | 全体表示 |

### 📖 編集点にジャンプする

| ショートカットキー | 機能 |
| --- | --- |
| ↑ | 前の編集点にジャンプ |
| ↓ | 次の編集点にジャンプ |

### 📖 クリップを操作する

| ショートカットキー | 機能 |
| --- | --- |
| .（ピリオド） | 上書き |
| ,（カンマ） | インサート |
| ^もしくは^（ハット記号） | ズームイン |
| −（マイナス記号） | ズームアウト |
| Ctrl (command) + Z | 取り消し |
| Shift + Ctrl (command) + Z | やり直し |
| Q | 再生ヘッドより前をカット |
| W | 再生ヘッドより後をカット |

### 📖 タイムラインのカーソル位置で範囲指定する

| ショートカットキー | 機能 |
| --- | --- |
| I | インをマーク |
| O | アウトをマーク |
| Ctrl + Shift + I (option + I) | インを消去 |
| Ctrl + Shift + O (option + O) | アウトを消去 |

# 索引

## お問い合わせについて

本書に関するご質問については、本書に記載されている内容に関するもののみとさせていただきます。本書の内容と関係のないご質問につきましては、一切お答えできませんので、あらかじめご了承ください。また、電話でのご質問は受け付けておりませんので、必ずFAXか書面にて下記までお送りください。
なお、ご質問の際には、必ず以下の項目を明記していただきますようお願いいたします。

1　お名前
2　返信先の住所またはFAX番号
3　書名 (今すぐ使えるかんたん　Premiere Pro　やさしい入門)
4　本書の該当ページ
5　ご使用のOSとソフトウェアのバージョン
6　ご質問内容

なお、お送りいただいたご質問には、できる限り迅速にお答えできるよう努力いたしておりますが、場合によってはお答えするまでに時間がかかることがあります。また、回答の期日をご指定なさっても、ご希望にお応えできるとは限りません。あらかじめご了承くださいますよう、お願いいたします。

## 問い合わせ先

〒162-0846
東京都新宿区市谷左内町21-13
株式会社技術評論社　書籍編集部
「今すぐ使えるかんたん　Premiere Pro　やさしい入門」質問係
FAX番号　03-3513-6167

https://book.gihyo.jp/116

# 今すぐ使えるかんたん
# Premiere Pro　やさしい入門
2023年6月27日　初版　第1刷発行

著　者●阿部信行
発行者●片岡 巖
発行所●株式会社 技術評論社
　　　東京都新宿区市谷左内町21-13
　　　電話　03-3513-6150　販売促進部
　　　　　　03-3513-6160　書籍編集部
装丁●田邉恵里香
イラスト●山内庸資
本文デザイン／DTP●リブロワークス・デザイン室
編集●リブロワークス
担当●田中秀春
BGM提供●魔王魂 (https://maou.audio/)
動画・写真提供●Pexels (https://www.pexels.com/ja-jp/)
製本／印刷●大日本印刷株式会社

定価はカバーに表示してあります。

©2023　株式会社スタック
ISBN978-4-297-13547-8　C3055

Printed in Japan

## ■お問い合わせの例

### FAX

1　お名前
　　技術　太郎

2　返信先の住所またはFAX番号
　　03-XXXX-XXXX

3　書名
　　今すぐ使えるかんたん
　　Premiere Pro　やさしい入門

4　本書の該当ページ
　　36ページ

5　ご使用のOSとソフトウェアのバージョン
　　Windows 11 Home
　　Adobe Premiere Pro 2023
　　(23.4.0)

6　ご質問内容
　　動画が保存できない

※ご質問の際に記載いただきました個人情報は、回答後速やかに破棄させていただきます。

## ■著者紹介

### 阿部信行

日本大学文理学部独文学科卒業
株式会社スタック代表取締役

肩書きは、自給自足ライター。主に書籍を中心に執筆活動を展開。自著に必要な素材はできる限り自分で制作することから、自給自足ライターと自称。原稿の執筆はもちろん、図版、イラストの作成、写真の撮影やレタッチ、そして動画の撮影・ビデオ編集、アニメーション制作、さらにDTPも行う。自給自足で養ったスキルは、書籍だけではなく、動画講座などさまざまなリアル講座、オンライン講座でお伝えしている。

●Webサイト
https://stack.co.jp

●最近の著書
『Premiere Pro & After Effects いますぐ作れる！ムービー制作の教科書 改訂4版』(技術評論社)
『無料ではじめる！ YouTuberのための動画編集逆引きレシピ DaVinci Resolve 18対応』(インプレス)
『Premiere Pro デジタル映像編集 パーフェクトマニュアル CC対応』(ソーテック社)